让好运每天都发生

[日]本田健 著
赖郁婷 译

华夏出版社
HUAXIA PUBLISHING HOUSE

图书在版编目（CIP）数据

让好运每天都发生 /（日）本田健著；赖郁婷译. --北京：华夏出版社，2019.5（2022.5重印）
ISBN 978-7-5080-9585-1

Ⅰ.①让… Ⅱ.①本… ②赖… Ⅲ.①成功心理-通俗读物 Ⅳ.①B848.4-49

中国版本图书馆CIP数据核字（2018）第211874号

KYOUN WO MIKATA NI TSUKERU 49 NO KOTOBA
Copyright © 2015 by Ken HONDA
First published in Japan in 2015 by PHP Institute, Inc.
Simplified Chinese translation rights arranged with PHP Institute, Inc.
through Bardon-Chinese Media Agency

版权所有，翻印必究。
北京市版权局著作权登记号：图字01-2018-2565号

让好运每天都发生

作　　者	［日］本田健
译　　者	赖郁婷
责任编辑	许　婷　王秋实

出版发行	华夏出版社有限公司
经　　销	新华书店
印　　刷	三河少明印务有限公司
装　　订	三河少明印务有限公司
版　　次	2019年5月北京第1版　2022年5月北京第2次印刷
开　　本	880×1230　1/32开
印　　张	6
字　　数	120千字
定　　价	42.00元

华夏出版社有限公司
网址：http://www.hxph.com.cn　地址：北京市东直门外香河园北里4号 邮编：100028
若发现本版图书有印装质量问题，请与我社营销中心联系调换。电话：（010）64663331（转）

目 录

前言 49个受好运眷顾的思考法则,让好运自动来敲门! / I

1 懂得感恩,好运自然来 / 001

2 运气好的人,谢函寄得早 / 004

3 运气好的人,能预言自己的未来 / 008

4 凭直觉行动,运气也会跟着动 / 012

5 输得漂亮,运气自然好转 / 015

6 走得愈远,运气愈好 / 018

7 为自己找一位好运导师 / 022

8 将黑暗的过去转变成幸运的过去 / 026

9 能为越多人带来幸福,自己的运气也会越好 / 030

10 请客,能让运气变好 / 033

11 快乐的礼物会给周遭人带来快乐 / 037

12 将好运分送给他人 / 042

13 懂得投资"机会"的人,自然能掌握运气 / 046

14 把爱表现出来的人,幸运之神将会对他微笑 / 050

15 最喜欢的东西会给自己带来好运 / 053

16 每一次受人之托,都是一个成功表现的机会 / 056

17 温和的口气会带来好运 / 061

18 接触一流人士,接触对方的好运 / 064

19 和运气不好的人在一起,财运和前途也会暗淡 / 068

20 满口正确言论会吓跑好运 / 073

21 一旦习惯了不幸,坏运便会跟着在身边常驻下来 / 077

22 做事慌张,好运也会跟着落荒而逃 / 080

23 "对不起"说得好,将会受到好运眷顾 / 084

CONTENTS

24 行事周到的人，到哪里都能无往不利 / 088

25 容易开心的人，更会受到好运眷顾 / 091

26 拼命努力的人，命运之神会对他展开笑颜 / 095

27 充满活力气息的人能够吸引好运靠近 / 099

28 爱制造惊喜的人，拥有最大的笑容和好运 / 103

29 主动举办聚会活动，能让运势走强 / 107

30 赞美不在场的人，可以提升自己的人气 / 110

31 总是面带微笑、沉着以对的人，将深受众人与好运的爱戴 / 114

32 找好运的人分"运气" / 117

33 感受运势的变化之道，以直觉判断未来 / 120

34 好问题能带来好运 / 124

35 与真正的对手交流，能为自己带来好运 / 127

36 懂得欣赏别人，心胸和运气也会随之开启 / 131

37 学会倾听，好运也会跟着到来 / 135

38 走访清静之地,表达感恩心情 / 139

39 舍弃,开启好运 / 143

40 努力的人处于非最佳状态时,好运更会降临 / 146

41 接下无人感兴趣的主办工作,运气将大幅提升 / 150

42 培养危机处理能力,为自己的好运加分 / 153

43 比追求完美更用心的人,定能获得成功 / 157

44 抢着做别人不想做的事,好运自然来 / 160

45 取悦自己,运气会好 / 164

46 钱花得愈多,财运愈旺 / 168

47 改变交友方式,命运也将随之改变 / 171

48 获得众人感谢的人,终将成功 / 174

49 为他人祈祷,也能为自己带来好运 / 177

结语 / 180

****

前言

49个受好运眷顾的思考法则，让好运自动来敲门！

因为你在茫茫书海中挑中了这本书。从此刻起，你将一步步认识人生中最奇妙的法则："运气"。

🍀

在这个世上，有人幸运，也有人运气老是不好，好像再怎么努力，命运依旧无法顺利开展。相反的，有些人仿佛什么都没做，人生却是一帆风顺得很。

年龄、外貌、学历、才能相仿的两个人,成败落差可以很大,究竟是什么因素造成如此不同的命运?

我个人认为这全是运气的缘故。然而倘若我在这里大剌剌地说"人会成功是因为运气好",这种说法等于宣判运气不好的人无论做任何努力都无法改善现状。

因此,**本书想正确传达的是:"为什么有些人的运气特别好?"透过探讨运气这件事,归纳出我们平时就能改运的做法。**

我经由仔细观察"幸运儿们"发现,他们对于事物会有特定的看法、思考模式、感受,以及处世之道。

我特地将这些观察,以座右铭的形式浓缩成"49个幸运金句",并据此展开为本书的49章。

这49个金句里包含了幸运儿的感受、思考方式以及处世妙法。

只要细细咀嚼这些句子和篇章,你的人生就会渐起变化。

一个人的人生样貌常取决于面对境遇时如何感受、诠释及采取行动。

运气好的人比起一般人对于身边事物会有更强的感受力,像是感激、悲伤甚至是烦躁的感觉。因为感受深,他们更知道该如何与他人互动及应对。

而且,这些人日常的思考方式也和大多数人不同。

举例来说,幸运儿看待事物的角度比较多,不会执着在一点小事上而耿耿于怀,对于新事物也总是抱持强烈的好奇。再加上他们对于事情的未来发展可能不设限,因此可以以更开放宽容的态度应对。

最后的关键是行动力。幸运的人知道人生即众多回忆的累积,所以非常乐于有所行动。

因为想要每一天都充满快乐的事,随时都想起身做些什么,极少会光在心里想却迟迟没有付诸行动,这样的人也比较不会有遗憾。

读过本书这些金句之后,或许会激发你采取行动的热情,让你忆起原本一直想做却忘记去做的事。现在,就借由这个契机将它们统统付诸实行吧。

49个幸运金句，每一句都是通往新世界的门扉。打开任何一扇门的那一刻，都出现一个新的可能。

现在，让我们一起打开这些刻着魔法金句的门扉吧。

本田健

1

懂得感恩，
好运自然来

我曾经和几个一流的企业人士聊过一个话题："什么样的人会让你想提拔或重用？"当时他们都给了我类似的答案："对微不足道的小事也懂得感恩的人。"

会对下属、客户或顾客心存感激的人，一定会是个受欢迎的人。道理很简单，任何人若是平时的付出被看见、受到肯定和得到感谢，一定会铭记在心，当对方遭遇麻烦时，就会基于想回报的感恩之心为他尽份心力。所以啰，懂得时常表达感谢的人，自然会受到周遭人的爱护。

相反的，我们可以说，平时不懂得感谢他人的人，只能眼睁睁看着好运气从自己手中溜走。

没有感恩心的人，对于身边的人的亲切对待和用心付出总是视若无睹，不是没注意到别人的给予，就是转头马上忘记。

如果可以把他人微小的善意放在心上，一有机会就表达自己的感谢，对方肯定会更乐于协助你。然而，不懂得感谢艺术的人却平白放弃了这样的好机会，真是可惜。

我来举一个例子。有两个刚走入社会的年轻人一起去拜访一位成功人士，大方的前辈送给两人钢笔作为录取新工作的贺礼。其中一位隔天立刻写了封感谢函寄给前辈，日后每回见面时，他也尽可能拿出那支笔，开心地向前辈表达自己的珍惜及感谢之情。然而，另外一位仅是在收到礼物的当下道个谢而已。

差不多在这个时候，这位前辈的事业伙伴向他询问是否有优秀的人才可推荐，毫无疑问，他想推荐的一定是前头那位懂得主动表达感恩的人。

事理的运作就是如此：**谨记他人恩惠的人，风评自然水涨船高。**

我的恩师曾跟我这么说过："能够记住别人的恩惠，在某种意义上已经算是成功了。"

他还说，即使一个人能力不够好受挫较多，也要做到心怀感恩。何况，无论怎么感谢他人，对自己都不会造成任何损失。

人若有能力却无法成功，或许正是忘了感恩心，不够体贴他人的结果。

创业的过程中需要借助许多人的力量，但我们却可能在上轨道后就忘记曾得到的帮助与扶持。

你平日里经常对他人表达感激之情吗？

一天当中，说了几次"谢谢"呢？

愈常开口说"谢谢"，就会有愈多人对你产生好感。

全世界几十亿人口中，每个人穷其一生所能结识的，也只有仅仅几百个人而已。世界上任何的相识都是如此不可思议的缘分，若能由此角度心怀珍惜，就自然生出感恩的心情。

就从每天多说"谢谢"开始做起吧。

> 感恩，是灵魂高尚的象征。
>
> ——伊索，希腊寓言家

2

运气好的人,
谢函寄得早

每当出新书时,我都会寄书送给曾经照顾、帮助过我的人,也不会忘记一些新认识的朋友。透过这个习惯,偶然发现了一个有趣的现象。

那就是,一个人收到赠书的响应速度及客气程度,恰恰与他的成就高低成正比。

在我赠书的众多对象当中,就属最忙碌的那群人最快寄来亲笔谢函,信上还会写一些看完书的心得,有些甚至还会寄上小礼物做回礼。

接下来的一群是达到某种成就的人,这些人会寄电子邮件来道谢,上头除了感谢的言语之外,也会多附上几句话,提及哪一段内容让他觉得很有感想之类的。

至于所谓的一般人,则是寄上电子邮件致谢,信中完全不会提到看过书的想法,就连谢词也只有"感谢您"这类标准化文字,毫无亮点。

至于那些事业不顺的人,则连个回应也没有。

这些反应不一定是针对我才出现,因为会亲笔写谢函给我的人,肯定对其他人也是同样体贴。而那些连电子谢函都没想到要寄的人,想必对待其他人也是这般漫不经心。

成功的大忙人每天都还能挪出时间写谢函了,忙碌程度望尘莫及的我们,实在得为老找借口推脱感到汗颜才是。

或许有人会觉得道理明白归明白,要这么做还是太麻烦。然而,能不能做到主动答谢这种小事,也决定了一个人有没有成功的命。

从今天起，不妨就每天发生的诸多小事，多提笔写出你的感谢吧。

在我所收到的谢函当中，有些真的需要花点工夫慢慢细读，但也因为对方的心意如此慎重、珍贵，让我心中万分感激。

一些不亲手写谢函的人，通常会自我安慰，说是因为担心自己的字迹太丑，或是烦恼写不出漂亮的文句，等等。

当你把心思耗费在这些无谓的细枝末节上时，运气也会在这时候耗损掉。

事实上，写谢函不必拥有生花妙笔，认真花个几分钟迅速写完就可以了。

但是最好避开了无新意的谢词，而且最好也添上几句自己的想法。

字写得不够好看也无妨，只要用心地写就够了。

不妨将一小迭空白谢卡放进随身包包中，趁着空档拿出来写。

我曾经搭过某个人的车，他平时出入全靠司机接送，在他车子椅背的收纳袋中，就放着许多空白谢卡。像这样习惯利

运气好的人,
谢函寄得早

用零碎时间写谢卡的人,肯定会有越来越多的人甘愿成为他的后盾。

不只是收到礼物时要写谢函,当长官前辈愿意抽空和自己碰面、提供宝贵意见时,也是亲笔书写感激的时机。

开始提笔写谢函的那一天,好运一定也会开始向你招手。

> 感谢和道歉是每天早上的第一项工作。
> ——松元幸夫,日本知名人才培育顾问暨商管书作家

3

运气好的人，
能预言自己的未来

你对于自己的未来有什么想象？

举例来说吧，十年后的你，会是什么模样？

对于自己的未来，大部分的人应该很少能抱持太过乐观的预测吧。

从自己的现状应该能多少推估出自己的前途，现在仍没有取得多大成就的人，当然无法想象未来会得到多大的幸福。

运气好的人,
能预言自己的未来

有个男子对于十年后的自己这么看:

"我从小就是个不起眼的孩子,中学时期也没有特别突出的表现,就连现在也只是个平凡的上班族。我猜,十年后应该也差不多像现在这样吧,唯一的差别只是变老了。"

这种想法难道不会令人气馁?

无论是谁,都可能因为遇到某个贵人,就为自己的人生带来彻底的转变。每个成功者一生之中几乎都有个转折点,"就在那一瞬间,自己的想法整个变了"。

因此,每个人的未来绝对都有可能因为一个偶然的契机,变得跟现在大相径庭。

为了欢迎这个契机,我们不要对自己未来的样子设限。

这么做或许乍看像是痴人说梦,但你不妨大胆想象一下自己最美好的未来版本。

❦

创业成功,过着自己梦想的生活。

成为名厨,拥有自己的高档餐厅。

成为知名专家,在全国巡回演讲。

研发出极佳的看护设备,造福老者。

成为畅销书作家,为大众带来欢乐的阅读时光。

成为知名音乐人,创作出畅销金曲。

……

❦

任何想象都行,就算一定会有人质疑这些根本不可能实现也无所谓,因为最重要的是"你喜欢成为怎样的自己"。

现在就开始思考,倘若梦想是十年后创业成功,那么就将时间一路倒推回现在,现在的自己该做些什么。你可以先针对资金、人脉、经营计划等各种与创业相关的问题,规划出一个十年计划表,从"成功的时间点"反推到现在,就能得到清楚的创业地图了。

接下来,只要按图索骥,未来就非常有可能实现梦想。

这份回溯计划表构思得越详细、越具体,你对于时机的掌控也会变得越敏锐、精准。

无论是你想要何种未来,绝对可以得到。

只要按部就班,将该做的事情一一付诸实践,世上大部分的梦想都有可能实现。你能追梦成功,只要你永不放弃自己。

重点是,你想拥有怎样的未来?

> 预言未来最好的方式,就是去创造它。
> ——艾伦·凯,美国计算机科学家

4

凭直觉行动，
运气也会跟着动

大家常说，人生就是"一连串的选择"。

念哪一所高中比较理想？

上哪一所大学比较好？

进哪一家企业工作比较稳定？

应该现在就结婚吗，还是先拼个几年？

该不该换工作？

要一直租房还是干脆买房？

凭直觉行动，
运气也会跟着动

我们总是为着大大小小的问题烦恼，想做出聪明的抉择。

其实，在做抉择时，直觉最重要。老是犹豫不决，运气就会跑走。

无论什么事，都依直觉果断做出决定吧，因为事实是，不管选择何者似乎都是可行的。

我大学时候有个学长，他毕业时同时获得两家大银行的工作机会，其中一家薪资条件优渥，另一家则是福利配套较好。他为此相当烦恼，不知道究竟该选择哪一家才对，于是向许多人征询意见，就连我也被迫一整晚收听着两家公司的简介，听着他不断分析来分析去，说明哪一家的哪一点比较好。即便如此，他仍旧无法下定决心，隔天又继续找了下一个可怜听众，重复问了同样的问题。

这件事情后来的发展颇为讽刺。几年之后，某天的早报上刊出了一则让我惊讶的新闻，之前让那位学长举棋不定的两家银行竟然合并了。也就是说，当初他根本白烦恼了。

凭直觉做决定没有对错的问题，因为大多时候，你根本不可能有机会验证哪一个选择才正确。

举例来说，有些人会在婚前烦恼不知道另一半到底是不是自己的真命天子（女）。

这时,不论最后结果是决定婚不结了,或是相信自己的眼光赌下去,都算是正确的选择。

最重要的是,一旦按直觉做出决定之后,就别再三心二意。

如果事后满脑子只会否定自己做出的选择,例如"那时候要是跟另一个人结婚就好了",或是"应该还有比现在伴侣更好的人选吧",这样只是庸人自扰,运气也会跟着不好。

倾听他人的意见固然重要,但如果太过于看重他人的意见而无法自行下判断,只会浪费生命。

唯有依照自己的直觉果断抉择的人,才有办法将这种时间的浪费减至最低。

给自己的直觉多一点信任,然后大胆行动吧。

> 最重要的是,勇敢追随自己的心和直觉。
> ——史蒂夫·乔布斯,苹果公司创始人

5

输得漂亮，
运气自然好转

与他人发生争执时，一般人都会很容易陷入一种迷思，就是想证明自己是对的。

双方都认为"你错了，应该听我的才对"，于是互不相让，甚至还会抓住对方的语病不断攻击，以致想取得共识更是难上加难。

事实上，人之所以会这样气愤地"硬要对方接受自己的想法"，不光是为了证明自己正确，还暗藏一股希望被对方理解的强烈欲望。

假设发生争执的对象不是非常亲近的人,应该就不会这么执着了吧。

例如,若是你来到一家陌生的咖啡店,店员的待客方式让你感到不悦,即便如此,你应该只会觉得"算了,不要和他计较"。

职场里工作讲求理性,所以大部分时候也不会和客户、厂商因为立场不同就起争执。但如果碰上另一半、孩子或亲友,常会认为"我当然要表达自己的感受""他应该要更懂我才对",一旦对方没有表现出自己期望的态度,就会抓狂。

很多夫妻在小孩长大离家之后,就开始经常吵架,原因都是些芝麻小事,例如,先生抱怨太太泡的茶太浓,太太看不惯先生折的衣服自己又重新折了一次,等等。

同样的情况,如果是发生在两个人当年初识时,应该会感谢对方,说出像是"这杯红茶味道真不错""谢谢你帮忙折衣服"这样的话,但如今双方却不再这么相敬如宾了。

"是你不好,怎么泡出这么浓的茶?"

"你很奇怪,哪有人衣服是这么折的?!"

于是两个人不断争吵,各自都认为自己才是对的。

不过，任由这样争执下去，夫妻之间的爱也会跟着吵光。

这种时候如果一方可以巧妙地输，换成说："我懂了，这种茶叶说不定就是要泡浓才会好喝"，或是"这种折法我没看过，不过这样好像比较容易收纳，蛮好的"。如此一来，对方听了感觉良好，日后才仍会愿意付出。

这是在说，你的输可以换来"双赢"的局面。

毕竟硬要对方懂自己的想法、全盘接受自己的意见，并不是一种爱的表现。

因为爱，才应该在意见不同时选择巧妙的让步。**抛开自己的执念让别人愉悦的人，运气也会跟着来。**

下回如果和人发生争执时很想赢，请记得，"以爱为念，巧妙地输"。

> 上帝赋予心灵，是为了让人去爱人。
> ——尼古拉·布瓦洛，法国诗人、文艺评论家

6

走得愈远，
运气愈好

运气通常发生在有活力的地方。

购物中心、刚开业的饭店等这些地方都会聚集很多人潮，连带地产生各种丰沛的能量。

反过来思考，在人烟稀少、铁门深锁，几乎没什么店家在营业的旧商圈，或是已经没落的温泉地区等，相对的也少了能量的流动。这一点应不难理解。

我要说的是，运气和生气、活力成正比。

我常会接触到各式各样的人，透过和人们聊着共同感兴趣

走得愈远，
运气愈好

的话题，我发现有活力、全身散发朝气的人，几乎都是旅行爱好者。

这些人平时除了努力工作之外，也会为自己安排许多旅行的时间。

"我上个月才刚去冲绳浮潜。"

"今年暑假我一定要环游意大利。"

"我的目标是走遍日本百岳。"

旅行时时常会发生一些颠覆思考框架的体验或际遇，也会遇上不可思议的巧合。因此，运气愈好的人，愈会安排时间去旅行，最好可以每年安排三至四次与工作毫不相关的旅行计划。

透过有形的移动，无形的"气"也会跟着活络起来。这时候，移动的距离愈远，气的活动就愈旺盛，连带着人也会充满能量，运气跟着变好。

在车站月台或机场登机口附近，总是充满一股莫名的活络气氛。这应该就是透过高速移动从远方而来的人所带来的人气，以及准备借由这些交通工具做长距离移动的人所散发的兴奋心情所聚集而生的能量。

专心工作或做家务并非坏事，但总是停留在同一个地方，气也会跟着停滞不动。

长时间埋首于工作会令人忧郁，原因便是长久处在相同环境下所造成的气不顺。

生活里如果没有令人期待的事，心情自然不会好。

成功人士几乎每个礼拜都会做长距离的出游活动。

带着出游后的兴奋心情回来面对工作，身边的人也会感染到这股活力气息。

因此，改善运气最简单的方法，就是让自己离开久住的地方去旅行。就算是气已经长期停滞不动的人，只要透过时速一百公里以上的移动，气就会稍微活跃起来，人也会变得比较有活力。

光是借由高铁、飞机或高速公路来移动，心情就能起变化。

即使只是搭乘火车、地铁来趟一天的小旅行，也会令整个人焕然一新。

觉得自己最近运势平平的人，推荐给你这个方法。

走得愈远，
运气愈好

唯有行动，才能为人生带来力量、喜悦和目标。

——奥格·曼狄诺，美国自我启发作家

7

为自己找一位
好运导师

任何一种成功，都无法光靠一个人从零开始达成最后的一百分。

任何事业之所以能够成功，都是因为一路上一直有人协助或提拔。那个人便是你的导师，也就是人生中的恩人。

你身旁也有个让你视为导师的人吗？

挑选人生的导师该用什么样的标准？

事实上，每个人挑选导师的标准不一，例如，人品值得尊敬、人生阅历精彩、拥有丰富人脉、修养好等。我在这里希望你能够谨记的标准是,要挑选一个"运气好的导师"。

举例来说,你的目标是成为作家,现在想挑选一个人来作为自己的导师。这时如果你认识一位文笔很好、涵养丰富的作家,不过他的著作却不怎么畅销,这个人就不是你该跟随的导师。

因为在这个作家身边非常可能围绕着一股氛围,认定"在这个年代要卖书不容易"。如果你让自己置身在这么一个人的影响之中,不知不觉中也会跟着产生"当作家挣不了钱"的想法。

反之,如果对方是个畅销书作家,待在他身边经常听到的便会是"书又要再印了",或是"已经累积几万本的销量了",等等。如此一来,连带着也会让你在心中植入一种"书很好卖"的印象。

这个道理无论是在音乐或餐饮市场,甚至是在各行各业都成立。

有个男子上班的公司倒闭了,他的老板决定再重新创立一家新公司,男子因为念旧重情,于是继续留下来跟老板一起打拼。不过，后来新公司营运状况仍不见起色，最后甚至连薪水都发不出来。

这时男子应该做的是离开这位老板，因为跟着运气不好的人一起做事，自己也会离好运愈来愈远。

倘若觉得"自己一直以来都受到老板的照顾，很想偿还这份情"，你就更要让自己成功不可，因此，最好的方法是换个运气好的导师，让自己的人生重新展开。

跟着运气好的导师，自己也会受到对方运势的滋养而走旺。这种工作上的好运，会是这一生成功的底子。

我们来看看，年轻起步时就在高档餐厅当过学徒的人，会养成一种追求高品位的工作气息，之后再经过数家名店的洗礼，日后也会出落得愈来愈像名厨。

跟着什么样的导师学习非常重要，请务必要找到一位运气好的典范，为自己点亮前途。

> 当两个求职者的学历、人品难分轩轾时,就选择运势好的那个人。
>
> ——松下幸之助,日本松下电器创办人

8

将黑暗的过去
转变成幸运的过去

人或多或少都会有一段黑暗的过去。

小时候体弱多病。
因为家庭环境无法上大学。
工作上因为过失被降职。

将黑暗的过去
转变成幸运的过去

原本信任的另一半发生了外遇。

无论是谁,都有一段总是紧缠自己、想忘却忘不了的往事。有人就这样一直抱着悲惨的过去不放,让自己成为一个失落的人。

我们虽然无法改写过去发生的事,但我们可以转变对过往的诠释。

有人曾经问松下电器创始人松下幸之助先生成功之道,他的回答是:"因为我具备了三个必要条件:以前常生病,生活困顿潦倒,而且学历是零。"

正常来说,这三点是造成人生不幸的原因,不过松下幸之助却说正因为具备这三个要素,他才有了后来的成功。

他进一步解释说,因为自己以前健康不佳、经常生病,所以不得不向他人求援。在这个过程中能够援引他山之石,让他得以建立日本首见的"事业部"制度[1],成为松下电器迈向成功的基石。

此外，正因为他彻底体验过贫困的滋味，使得他成为一个不会因为一点小事就轻易放弃的人。再加上完全没有学历可言，因此，他只好持续学习，终生不辍。

由此看来，这些乍看之下不利的条件，的确造就了他的成功，实在很神奇。

若照着松下先生的思维，过去我们虽然因为某些遭遇而有了一时的不幸，但这些波折却可能成为日后收割幸福的种子。

小时候总是被父母严厉责骂，或是刚恋爱时就被喜欢的人抛弃，对于这些过去，我们无法改变，但是可以转换自己对于这些事情的诠释。

我们可以让自己的念头从"那段遭遇使我到现在仍然对自己毫无自信"转变为"多亏了有那段过去的磨炼，如今的我才能练就超强的韧性"。

还有，正因为过去曾被抛弃，后来才更发愤让自己成为一个更优秀的人，也说不定就是这样，现在才能拥有这么完美的结婚对象。又比方说，因为从前跟父母相处不好，所以当自己有了孩子之后，就更能看清楚什么才是亲子关系里真正重要的东西。

这么一来，就能慢慢跟自己的过去和解了。

当一个人可以从悲苦的过去找出幸福的种子，从那一刻起，

将黑暗的过去
转变成幸运的过去

自然能从幸福的视角去看待人生。

所有运气好的人,都有能力将"黑暗的过去"想成"幸运的过去"。

> 人都需要遭遇不幸、贫困或疾病,否则容易变得狂妄自大。
>
> ——伊凡·屠格涅夫,俄国小说家

注1:

最早由美国通用汽车总裁斯隆于1924年提出,是一种高度集权下的分权管理制,适用于规模庞大、品种繁多、技术复杂的大型企业。在日本,松下幸之助在1927年也采用了事业部制,在当时被视为划时代的企业改革。

9

能为越多人带来幸福，
自己的运气也会越好

有个知名歌手曾经说过这么一句话："每个人最初都是为自己而唱，不过从某个时候开始，就会变成只为他人而唱。这就是一流歌手和普通歌手的差别。"

这个道理不仅适用于歌手身上，在任何一个行业都成立。

做业务的人，最初是因为自己"想赚钱"而努力跑业务，不过，在快蜕变成一名超级业务员时，他就会开始思考"我能为目前手中的客户做些什么"，而据此采取各种行动。

这种层次的人会开始站在客户的福祉去思索什么才是对方

真正的需要，然后再根据分析的结论销售自己的产品。如果产品对客户的幸福没有加分，绝对不会随便推销。

如此一来，客户也会感到"跟这个人买东西会发生好事"，因此下次就会想再照顾他的生意。到最后，成功的业务员便会因此赚到钱。

也就是说，**越是能为他人带来好事的人，好运也会自动找上他。**

这个模式出现在任何一种工作上。

举例来说，音乐人是靠着与他人分享自己的歌曲来维生。如果自己的音乐只能获得一百个人的喜爱，他充其量只能把音乐创作当成兴趣。不过如果有一万人或十万人，甚至是一百万人买了他的CD，他就会有一笔为数可观的收入。

现今很多人都会上传影片到各大网站，分享影片本身不需要付出任何费用，但有些人上传的影片会获得几百万次的点阅，成为热门影片。这时候，一些广告邀约或企业的邀请就会自动上门来。

换言之，越多人喜欢你的东西，你的收入就会和粉丝人数成正比，而且数量还会不断累积下去。

有些上班族的工作可能是为公司内部的人提供协助，同理，获得协助的人数愈多，他得到的薪资报酬相对的也愈多。

做生意更是如此，如果一门生意只有几十个或几百个客人，就只能赚进普通收入。如果客户人数是以千计，收入便会令人称羡。

你又为多少人带来好事呢？

工作时养成习惯去思考"怎么做才能帮到更多人"，自然会涌现许多想法，说不定因此找出拓展客源的妙法，诸如利用网络或社交媒体来创造更多产品曝光的机会等。

工作时常怀着"想帮助更多人、为更多人带来欢乐"的心态，身边自然会聚集许多运气好又优秀的人，因为幸运之人都喜欢帮助他人，在物以类聚法则的影响之下，他们自然就会主动向你靠近。

> 愿意用尽全力打拼的年轻人，这个世界也会记得对他用尽全力。
>
> ——约翰·沃纳梅克，
> 美国企业家、百货商店之父

10

请客，
能让运气变好

我很喜欢请人吃饭，既能聊天又能品尝美食，每一次都令我很开心。尤其看到对方高兴满足的神情，也让我感到幸福。

之所以会养成请人吃饭的习惯，完全是因为年轻时的一次体验。

学生时代，有一次和同学冒着"钱包大失血"的风险，一起到一家高档餐厅尝鲜。用餐时，我们和隔壁桌的一位先生小聊了一会儿。对方是个很客气的人，对年纪尚轻的我们非常礼貌。

后来，那位先生比我们早用完餐先行离开。等到我们用完餐，忐忑不安地请服务生结账时，他竟告诉我们："刚刚坐你们隔壁桌的先生已经帮你们结过账了。"

"天底下怎么会有这么好的人！？"我们甚至连他的姓名都不知道，他却对我们做出如此大方的事，真的让我惊喜至极。

从那一刻开始，我就期许自己也能成为那样的人，所以请人吃饭对我来说，是一件充满幸福感的事。

我逐渐体会到请客可以让自己的运气变得更好，于是也把这个心得推荐给朋友。然而，请人吃饭也有学问，例如，乱请长辈吃饭有可能会失礼；男生请女生吃饭，也要注意别被认为别有用心。

还有，要让人愿意在百忙之中抽空和你吃个饭，就必须让人觉得你是一个值得花时间的朋友，是个正面开朗的人，因为没有人会想和古怪难相处的人一起吃饭。

邀约的方法若不够高明，也会让人感觉尴尬，因此必须下点功夫琢磨琢磨才行。不太会开口向人提出邀约的人，最好先练习一下，推演一番。

请客，
能让运气变好

我有个朋友曾经别出心裁地进行了一个他称为"千人午餐"的计划。

他花了一整年的时间，每次邀请几个人一起共进午餐，最后宴请的人数真的达到一千人。这个计划当然也为这一千人带来有趣的回忆。

这个计划愈进行到后头，有愈多的人主动向他提供邀请名单，他的人脉也因此变得更广。虽然请一千人吃饭需要一笔相当可观的花费，但相对的，他换得的是大于这笔花费好几倍的收获。

你要不要也试着用类似的方法邀请朋友一起吃顿饭呢？告诉对方你正在进行"请一百个人吃午餐"的计划，问他愿不愿意共襄盛举。

请人吃饭不要小里小气，想着"如果我请他吃饭，他日后应该也要回请我才是"。最好是以大方地吆喝大家一起吃饭的方式来提出邀请，这才是最恰当的做法，自己也最能因而从中获得乐趣。

> 所谓的待客之道，就是让客人能够在席间感受到乐趣。
>
> ——萨瓦兰，法国律师、美食家

11

快乐的礼物
会给周遭人带来快乐

这世上有种人非常喜欢送礼物给他人，几乎随时都在这么做。

我也属于这种人，若问为什么我喜欢这么做，我只能说，因为看到别人收到礼物时高兴的模样，我自己也会感到幸福。

我女儿就读长野一家幼儿园，那里有个苹果果园，我们因此可以就近买到非常新鲜美味的苹果。前阵子又逢年底送礼时节，我一口气买了三十箱的苹果分送给亲朋好友及工作上认识的人。这些苹果全是现采后就直接装箱寄送的，因此收到时开箱的一刹那，甚至可以闻到一股苹果的香气，新鲜极了。

每个人在收到苹果后都很开心，纷纷传来答谢的简讯，我的手机铃声响个不停，几乎不曾间断。

过了几天，我家的门铃响了，配送先生送来了两大箱东西。我还误以为是寄送出去的苹果被退件了，看了一眼箱子，上头的配送单上却写着"橘子"，再看一下寄件人姓名，原来是某个收到苹果的朋友寄来的。

看着眼前这两箱仿佛和朋友说好交换礼物般的橘子，心情真是愉悦，但同时也有点担心这么多的橘子若吃不完肯定坏掉。

几番考虑之后，我们决定留下半箱橘子自己吃，另外半箱则分装成小袋，与妻子和女儿一起拿去分送附近的邻居。剩下的一箱就直接转送给一位朋友。

才稍微松了口气，接下来几天又收到了好几箱橘子。若把橘子再拿去送给邻居就实在太奇怪了，这回真的是伤脑筋了。但如果就这么放着也会坏掉，所以虽然对送礼的人感到不好意思，但我们只收下这份心意，而将橘子转赠给其他友人。

这前前后后一个礼拜的时间里，我们都在填写配送单，写到手都酸了。

但这件事还没完呢。

几天后，配送先生又来到我家，露出一脸神秘的笑容。当然，手上仍抱着好几个大箱子！

你猜箱子里装的是什么？

是红通通的苹果！

后来我们又将苹果转送给亲友，然后又收到别的礼物……就像这样，那一阵子我整天都在忙着写谢函和配送单。

那时，不只收到礼物的朋友会寄谢函来，我甚至还收到某个朋友公司员工的谢卡。

后来我有一次机会去那位朋友的公司拜访，才听他说起我当初送的苹果引发了奇妙的连带效应，令我惊讶不已。原来，他那个员工尝了苹果之后觉得太美味了，便将苹果再寄送给住在远地的妈妈。妈妈收到她寄来的苹果之后，觉得女儿变得贴心多了，母女感情亲密不少，因此那名员工对我分外感激。

一开始只是因为果农送给我们品尝的苹果实在好吃，兴奋地想让朋友们也尝到这种美味，于是开始寄送苹果。起初只是一个小小的念头，却接力赛似的不断向周遭的友人来回传递了幸福。

即使只是微不足道的小礼物，只要送得用心，喜悦的感染力就会直接或间接地经由许多人不断向外扩散。此时自己所感受到的快乐层次就会变得格外丰富。

送东西给他人的同时，也可以说是在送给自己。不仅收礼物的人开心，自己也会快乐，就某个层面来看，的确是在送礼物给自己。

由此可知，把自己喜欢的东西分送他人，正是幸福快乐的秘诀。

如果想得到爱，方法就是去爱。若想获得友谊，就要先给出友情。对别人好，善意便会回到自己身上。

同样的，给人赚钱的机会，除了获得他人的感恩，最后自己也会得到致富机会。

所以不妨尽量地付出自己想获得的东西，不论是金钱、爱情、友情，甚至有形的东西，试试看先付出了之后会有什么收获，亲自去体验这世上"给即是得"的法则。我相信这会是场很有趣的实验。

如果你也认同，现在就开始送别人礼物吧。你的付出最后一定会以意想不到的方式，化作感情及善意回报到自己身上。

没有人会对送礼物给自己的人口出恶言；换言之，送礼物给别人，对方便不会是你的敌人，而会是你的人脉、朋友。

快乐的礼物
会给周遭人带来快乐

话说回来,你知道在刚才的故事中,拿到橘子的邻居回赠什么给我吗?

一袋苹果!

看来,送礼物能开启一段段礼尚往来的美好关系。

> 让他人幸福,便是给自己最真实的幸福。
>
> ——阿米埃尔,瑞士哲学家

12

将好运
分送给他人

运气跟金钱一样,有个共同的特性,那就是可以自己存着,也可以借给他人。

然而两者不太一样之处是,金钱就算存起来,但每次花用,数目都会减少。但运气即使分给了他人,对自己的运气并不会造成丝毫减损。不仅如此,虽然分送出去的运气无法实时产生回报,但将来却会以两倍、三倍甚至更多倍的状态回到自己身上。这是在说,运气会借着与他人分享、交换而愈变愈多、愈来愈旺。

既然如此,该怎么做才能将自己的运气送给他人,或让别人借用呢?

其实不用想得太困难,就是在自己能力范围内为他人出点力就可以了。

例如,替认识的一些人居中牵线,把自己的朋友介绍给正在找结婚对象的人,或是介绍晚辈给正在求才的老板等。这些都是将自己的信用借给他人的作为,有着出借运气的意味。

你不需要花一毛钱便能获取信赖,对方会认为"是你介绍的人一定可靠",因此你借给别人的,是你的信用。

如果这桩美事最后开花结果,双方对你都会心怀感激,于是就能为你增添更多运气。

只要能看见所谓微不足道的小事,就会发现其实自己能做到的事非常多。例如,把自己觉得深受启发的书介绍给朋友,或是提早完成自己的工作后还留在公司继续帮同事忙,甚至是为朋友祈求他的事业能进展顺利等。

即使是再小不过的事,"为他人付出"都只会增加自己的运气,不会有任何损失。

方才提过,人送出去的运气会随着时间流逝又回到自己身上。事实上,有时回报发生的时间点还会跨越世代。

我曾听过一个关于某个杰出企业家的故事。这名企业家的第三代虽然能力优秀,但受到当时大环境不景气的影响,公司在他继承之后不久就倒闭了,他自己不得不从世居的豪宅搬到了一间小公寓居住。

一天,有位陌生人送来一份肉品礼盒,一问之下才知道这个送礼者过去曾受到第一代老板的提拔,如今也拥有了自己的事业,而且经营得十分成功。

送礼的人在离去前告诉这个第三代小老板:"我今天是来回报您祖父的恩情的,请笑纳这个微不足道的小礼物。商场上的机会瞬息万变,您一定要打起精神东山再起。"

小老板于是开心地收下礼物,然而当他拆开礼盒后,发现盒底放了一张支票,上头的金额竟然多到可以盖一整栋房子。

这就是第一代企业家分享运气所换来的回报。

将幸福分赠他人,就是为自己带来等量的幸福。

——杰里米·边沁,英国经济学家

13

懂得投资"机会"的人，自然能掌握运气

很多人都想说等到机会来了再去把握就好了，事实上这样根本来不及，因为机会流逝的速度远比我们准备好的速度要快太多。

有些人之所以能够成功，就是因为明了机会与金钱孰轻孰重，他们提醒自己：若能先抓住机会，钱的事情总是有办法可以解决的。

人的一生中会出现好几次机会让自己摆脱现状，更上层楼。倘若没有先前扎实的准备，便无法在机会来临时一举

懂得投资"机会"的人，
自然能掌握运气

萝卜。

曾经有某个成功的企业家，他在还是一般上班族的时候就已经开始认真为将来的创业做准备，因此，后来才有办法抓紧机会。

例如，每当上司请他帮忙准备数据时，他总是可以立刻交出早就已经做好的报告。原来，他经由平时和上司的互动推测出公司日后的需求，事先做了详尽的研究，并且将资料先搜集备妥，好在上司有需求时随时提供。

其他同事，即使是能力优秀的人，面对上司分派工作时多半只会回答："我知道了，我现在立刻就去研究和准备资料。请问什么时候需要把报告交给您呢？"

此时，运气早就被前一位准备好的人一把抓走了。

两种面对工作的心态，决定了十年后有人成为上市公司的老板，有人则只能继续当个资深普通职员。

我在学生时代总是随身带着护照和信用卡，因为我知道某些重要的国际会议会临时需要口译人员，主办单位很可能会联络我，问我能不能接下必须隔天立刻出发的工作。

这时候倘若我回答对方："我手上现在没有护照号码，可以回家后查好再回电话给您吗？"那这份好差事肯定落到他人手中了。因此，为了不让机会平白溜走，我才会养成将护照和信用卡带在身上的习惯，随时待命。

除此之外，我还会随身携带寻呼机，甚至是当年还很少见的手机，以防平时总是忙碌不堪的教授临时需要助手。

教授的电话总是说来就来。例如，他可能会突然打给我："有个有趣的朋友来找我，你要不要也一起来？"这种时候，如果我没接到电话，便无法见到这位"有趣的朋友"了。

后来老师告诉我，因为其他学生总是联系不上，我却总是一通电话就能找到人，而且随传随到，所以他通常都会第一个先打给我。事实上，我还运用上了当时很少人会运用的电话转接功能，因此都能让别人轻松地找到我。

借由这些小方法，我认识了许多老师的朋友，后来透过这些人的助力，为我的人生带来了意想不到的机遇。

手机在当时来说价格非常昂贵，但为了不想错失任何一个机会，我的投资很有价值。教授一定也是看到我明明还是个学

懂得投资"机会"的人，
自然能掌握运气

生，态度却比任何人都积极，才会对我如此提携。

不把蛋打破，就无法做蛋卷。（先有失，才有得。）

——书摘

14

把爱表现出来的人，
幸运之神将会对他微笑

在观光区或机场里，经常可以看到好几十家贩卖伴手礼的商店，大部分卖的都是差不多的东西。

一些畅销商品，几乎所有店家都会贩卖，价钱也都差不多。但即便如此，有的店家大排长龙，有的却门可罗雀。

既然东西都一样，价钱也相仿，到客人比较少的店消费应该比较省事才对，但所有人却都会挤往人声鼎沸的店里。

每回到机场，如果登机之前还有一段等待的时间，我一定会观察周围免税店的顾客数量，以及店员的待客态度。

你是否曾思考过，同样性质的店家，为什么业绩会有极大的差距？

其实，如果你仔细观察便能分晓，**生意好的店家通常围绕着一股好运的氛围，连带着也会将人潮吸引过去**。

一旦店里生意气氛很好，客人就会像是被磁吸一般，接二连三地进门去消费。虽然人们只是闲逛，并没有特别在挑选，但自然地就是会往生意好的店家走去。这一点相当关键。

到底是什么营造出这种吸引人潮的气氛呢？

说得夸张一点，或许就是"爱"吧。

在人气伴手礼店中，充满着爱的心语，比方像是"希望那个重要的人收到这个礼物会开心""这个真好吃，我要买给家人吃吃看"等。

在这种店中，店员对待客人也绝对不会强迫推销，而是基于对客人的爱而微笑相待，并且还会亲切说出"出差很累吧，这个给你尝尝，让你恢复一下精神！""小孩子一定会喜欢这个娃娃喔"。而且这份笑容展现了对客人真诚的招待，绝不是巴结奉承。大家被店员这份温情所吸引，于是不知不觉之间，店里就聚集了许多客人。

至于门可罗雀的店家，或许店员表面上看起来很有礼貌，但看得出是基于工作的需要，少了令人感动的成分。

再怎么说，人还是比较喜欢真心诚意对待自己的人。

爱的对象不仅限于人，还可以扩及物品、工作等有形无形的事物。

有人会珍惜工具，有人则一点都不懂得爱惜。

有人在工作上努力认真、细心要求到最后一刻，但也有人随便敷衍了事。

有人爱动物，有人虐待动物。

我认为事实上，每个人心中至少都会对某样事物充满了爱，只是表现的方式不同罢了。

"去爱，从自己开始做起。"去表达爱虽然会让人觉得不太好意思，但其实任何人都能做到。

不要再被动地等着别人来爱你了，先主动去爱别人吧。

> 工作是爱的具体表现。
> ——纪伯伦，黎巴嫩诗人、画家

15

最喜欢的东西
会给自己带来好运

身边充满喜爱的东西会让人不由得变得快乐、有活力。相反的,老在使用不喜欢的东西,心情也会跟着变糟。这个道理无论套在人或物上,一样适用。

对于拥有自己"喜欢的东西",我们平时总是持克制的态度。

举例来说，有个年轻人在百货公司的男士服饰楼层挑选衬衫，一开始他想拿的是一件直条纹的时尚款式，但他挣扎许久之后，最后却买了一件最普通的白衬衫。因为直条纹衬衫虽然是自己喜欢的，但穿去公司上班可能会显得太过花哨。

类似的状况，若换作女生，应该也会因为考虑到"这么穿不知道别人会怎么说我"，因此最后选择了放弃。我们心中时不时会冒出像是"指甲油这种颜色应该不会过关""剪这种发型肯定会挨骂"的恐惧，大家对于选择自己喜欢的事物常常因此而犹豫不决。

结果就是，大多数人都选择了不是自己最喜爱的东西。

总是这样不断地自我压抑、忍耐，渐渐地人会变得愈来愈没劲。不怎么喜欢的上班服装、讨厌的办公桌摆设、乏味的工作内容，或麻烦的人际关系，等等，逐一检视才惊觉，自己的生活中竟然充满了这么多不喜爱的人、事、物。

人一旦和令人不快的事物处在一块，自己的能量也会跟着散失。如果一整天都处于这种状态下，到了傍晚，热情早已消失殆尽。

因此，在工作以外的私人领域中，就必须特意为自己安排与喜欢的事物在一起的时间。

虽然因为顾忌他人的缘故，服装或发型无法完全按自己的喜好

最喜欢的东西
会给自己带来好运

来设定，不过，让自己在家里能够只被喜爱的东西包围，这一点应该不难做到。既然如此，就尽全力让家里充满自己喜欢的东西吧。

对装潢布置和家具要特别讲究，就算不想花大钱，至少也要选择自己最喜欢的色调，或是一些有味道的家具。

大物件如桌椅、书柜，小东西如刀叉汤匙，**一旦家里充满自己喜欢的东西，每天就会对回家充满期待，甚至一到家门口就涌出"回家真好"的感觉，仿佛瞬间充满了能量。**

现在就请你检视一下身边的物品，那些真的是自己喜爱的东西吗？

如果不是，就下定决心，把东西全换成自己喜欢的吧。

无论是朋友、工作、住所、家具等身边所有的一切，就用这个方法都换一换吧。

> 身边充满自己喜爱的东西，心情就会高昂。
> ——英国歌手

16

每一次受人之托，都是一个成功表现的机会

有一对来参加讲座的夫妻，告诉了我一段有趣的故事。

结婚五年的他们，某一天一起坐在客厅里看电影。妻子起身要去上厕所，这时候待在沙发上的丈夫说："可以帮我把掉在那边的遥控器拿给我吗？"

已经往厕所方向走去的妻子回答："遥控器不是离你比较近吗？自己捡！"

"哪有，就是因为离你比较近，我才拜托你的嘛。"两人都认定"遥控器离对方比较近"，谁也不让谁。吵了一会儿之后，

他们决定拿卷尺来实测到底离谁较近。但就在两人迟迟找不到卷尺放在哪里时，电影已经快演完了，这时他们才惊觉自己的愚蠢，"我们到底在做什么？"

于是两人相视大笑，言归于好。

完全可以想象，这种小事最后非常有可能演变成一场大吵，甚至闹到离婚都不无可能。

我所听过最夸张的离婚理由是"我老公总是不把牙膏盖子盖好"。这当然不是离婚的主因，想必一定是之前累积了许多怨怼，牙膏盖只是压垮骆驼的最后一根稻草，也是夫妻两人再度争执不休的导火线。

做先生的认为"盖不盖有差别吗？如果她真的爱我，就不会跟我计较盖盖子这种小事"，而妻子则觉得"他如果在意我的感觉，就会学着把盖子盖好"。

最后，夫妻双方都无法透过牙膏盖子确认对方真心爱自己，于是选择离婚。

当受到伴侣请托时，一般人会有以下几种反应。

一种是说"好"并立刻去做。

一种则是说"我会做"，但要隔一阵子才去做。

还有一种人是说"我等会儿再做"，却把事情完全抛在脑后。

最后就是不愿做，甚至还有因此变脸大吵一架的人。

反应方式固然有上面这么多种，但这之中只有"说'好'并立刻去做"的人会得到对方的感激。

姑且不去管没做或吵架的人，做出第二种反应的人（说"我会做"，但要隔一阵子才去做）其实是最大的输家。明明和马上行动的人付出了相同的劳力，却因为时间差而得不到对方的感激，甚至给对方的感觉就跟直接拒绝帮忙没两样。

想想马拉松比赛，第三名跟第四名的成绩几乎一样，也都跑完了几十公里的路程。不过，第四名却只因为慢了一点点，得到的评价天差地别。第三名不仅获得了奖牌，还能留名，而第四名却什么都没有。

受人之托正是同样情况。

每一次受人之托，
都是一个成功表现的机会

一般人在请求他人帮忙时，因为客气，嘴巴上都会说"不急，没关系"，但内心其实是希望对方"如果可以尽早做最好"。毕竟就是因为有需求才会开口拜托，当然期待事情赶快完成。

当你请别人帮忙时，一定也会猜测一下对方可能的反应吧。有人会直接表明不愿意，也有人会因为是公务急事或自家人的义务而不得不帮忙，但也有人会二话不说马上办。你平时是属于哪一种人呢？

泡茶、影印、倒垃圾、拿报纸、换灯泡等，大家一定都曾被要求代劳过这些琐碎小事。

其实提出请求的人心里也会觉得不太好意思，如果对方愿意立即帮忙，而且没有表现出丝毫不悦，对请求者来说会是松了一口气。

这一点请你一定要试着去理解。一旦答应要帮忙，不管怎样都是要做的，如果这时还露出不恰当的表情，让对方感觉麻烦到你，最后损害的其实是你自己。

既然答应了，不妨就立刻行动，快速完成请托。无论请你帮忙的对象是公司同事或是家人，不论是年纪比你大或小，答应要做，就快做。

早点行动，不仅对方会觉得你重视他，而你也不用继续挂心这件事。

受人之托，行动愈快愈能为你招来好运，以及对方感激的笑容。

> 聪明的人行动得早，愚昧的人行动得晚。
> ——巴尔塔萨·格拉西安，西班牙哲学家

17

温和的口气
会带来好运

有个上班族中午用餐比较晚,等吃完回来,刚踏进办公室,上司一看到他立刻恶狠狠地从椅子上站了起来:"刚刚某公司打电话来,说你今天跟他们约好了一点钟要过去拜访,却等不到人,你是不是忘掉了?!"

原来这名男子记错日期而忘了赴约,上司不留情面地责备他,声音大到整个办公室都听得见,而且其中还夹杂不少令人难堪的字眼。

"对不起,我现在立即赶过去!"男子慌张地赶往客户的公司,心里十分焦急。犯错本身已经让他很恐慌了,但上司攻势凌厉的指责更是让他久久无法回过神来。

"现在赶过去应该也没办法见到对方了,但至少要亲自过去道个歉才行……"

后来,男子比约定的时间晚了近两个小时才赶到客户公司。一到地方,原本约见的人却来到大厅柜台迎接他,说:"路上一定很赶吧,辛苦您了。没有在前一天跟您再做个确认,是我们的疏忽。现在我正好有点时间,我们可以一起来把事情讨论一下。"

对方一句抱怨的话也没有,只是语气和缓地安慰着男子,让他感动得几乎快掉下眼泪。这时,他在心里暗自决定:"和客户合作的这个案子,我一定要尽全力做到最好。"

男子之所以想要这么努力,不是因为上司对他严厉的指责,而是因为客户对他亲切又温和,对他充满理解。

有时候,我们会说出过分的话而伤害到别人的自尊,多半是因为别人惹恼了我们,为了要还击,因此才会当下在脑中搜寻最难听的字眼来诋毁对方。这么做或许可以逞一时之快,但事实上,没有人会因为你这么做而获胜。

我一直告诉自己,无论遇到任何状况,只要有余力做得到,都要为别人着想,而且只用温和的态度跟别人说话。

难过时能听到他人的温柔言语,最是抚慰人心。因此,保持温和与理解的态度,这种亲切的行为,最适合用来鼓舞他人。

就算是不得不责备他人的情况,理直却气和一定会让对方更容易听得进去。

好运喜欢说话温和的人。

> 温和的话语,简单几句就能永存心底。
>
> ——特蕾莎修女

18

接触一流人士，
接触对方的好运

若能常接触一流人士，自己的运气也会跟着变好。

据说要学会判断艺术品或珠宝、古董等这类物品的真伪，很重要的一点是"平时只接触真品"。因为如果只熟悉真品，一旦看到伪造品，便能一眼识破。相反的，如果看了太多伪造品，眼睛习惯了，也就真假难辨了。

基于这种道理，我们应该试着让自己刻意接触一流的人、事、物。

细想下来,任何领域确实都有等级之分。

一流的人所做的工作里尽是些麻烦的事,相对的,三流的人做的工作内容便显得单纯而简便。

举例来说,一流的厨师会花时间用心熬高汤,将食材提前腌渍入味,不断反复做着这些单调的基本动作。就连前菜,也都是花费时间与心思来料理的。整个繁复的过程会让一般人感到不可思议,但对于出身高档餐厅的厨师来说,这些都是理所当然要做的基本工作。

另一方面,三流厨师则会利用化学调味料,或是一些真空包装的加工食材来加速做菜时间。这些人之所以无法轻易摆脱三流的标签,是因为在他们过去的环境中,身边的所有人都认为"那些准备太麻烦了,那么做太花时间了"。如果他们曾经跟随一流的前辈不厌其烦地重复做过这些,应该也会耳濡目染,自然而然学习到认真的态度。

事实上,三流厨师所开的餐厅里,不可能会出现一流的客人,所以也就不会有客人向他们反映"这菜加的应该是化学调味料,有点难以下咽"。因为一般的客人都吃不出这样的味道有什么问题,当然也就不觉得难吃了。客人不会抗议,少了提醒的三流厨师自然就忘了去精进自己的厨艺。

相对的,习惯了平价餐厅味道的客人若是到顶级餐厅用餐,说不定还会嫌东嫌西,觉得味道不够重,而自行添加一大堆调味料。精明的饕客一旦吃到平庸厨师的菜肴,一定会立刻知道出了什么问题,因为他们已经吃惯了一流的手艺,自然能知道哪里不到位。

想提升自己的运气,平时就要多接触一流的人、事、物。

你可以多找些时间逛逛美术馆,或者可以到高级饭店或名品店走走。这些地方所摆设的全是雅致、好品位的东西,待客方式更是一流。

我并不是说贵就是好,但**透过接触好东西及好服务,一定可以触发心底好的想法。**

一流的东西会让人身心舒畅,不妨多去体会这种舒心的感受吧。

> 多接触一流的事物,就能轻易分辨真伪。
>
> ——中泽宗幸,日本小提琴制作家

19

和运气不好的人在一起，
财运和前途也会暗淡

我在学生时代算是认真踏实型的人，因此对我来说"有点坏坏的人"很具吸引力，因为他们看起来总是能潇洒地做些我办不到的事。

大学时我和班上一名不爱念书、很喜欢混世的同学走得很近，他喜欢赌博，经常以"社会教育"为名带着我出入各种奇怪的场所。

一开始，我觉得不是乖乖牌的他真的好酷，跟着他出入各种喧闹场所也很新鲜刺激。不过，随着和他交往愈深，我愈发现他其实浪费成性，异性关系复杂，而且完全不尊重别人的时间，这些都逐渐令我开始对他产生反感。

除此之外，他喜欢使用充满暴力的言语，动不动就瞧不起别人，我感觉到自己渐渐也沾染上他的气息，事情变得有点不妙。

某天晚上，我和他流连在几个满是烟味的电玩广场和酒吧之间，不一会儿，身上仅有的一点钱全都花光了。这时，喝得酩酊大醉的他竟拿出信用卡，狂笑着说："这是有魔法的喔！只要刷一下，梦想就能立刻实现！"

当时我愣了一下，心想，如果再继续跟这个人混下去，自己一定会变坏。于是没多久之后，我就渐渐疏远他了。

几年后再听到他的消息，则是他因为负了太多债务，再加上投资不动产失败，早已破产了。

虽然他看似洒脱的行径令人感觉很酷，但幸好我及时醒悟这些只是表象而已，因此才会选择不再和他来往。

无论对方多有魅力，若是会影响到自己的运气，就必须和

他划清关系。

恋爱也是一样。照理说，陷入爱河中的人，个性会变得更温柔，全身散发着幸福的光芒，运势也会跟着变好。但偶尔还是会见到反例。

曾经有一则新闻说，一个原本做事很认真、深受同事信赖的女性上班族，为了供应新男友的花费，竟然大胆挪用了公款，搞到身败名裂。另外，也有很多女生因为爱上浪子，后来虽然还不至于犯下罪行，但人生已经变得满布疮疤了。

至于男性，则是有愈来愈多年过五十岁的人晚节不保，陷入种种危险关系之中。应该是这个年纪的男人开始意识到自己已过半百，却还是想对自己证明"我还是很有男性魅力"。这时一旦认识了年轻美女，就会克制不了自己，一头栽了进去。

如果预先知道"男人到了五十几岁很容易发生不伦情事"，当真的遇到考验时，就能理性地自我提醒"危机来了、来了！要格外小心行事才行"。

不过，愈是个性严谨、觉得这种事不可能发生在自己身上的人，就愈容易一不小心迷恋上年轻女性，整个被爱冲昏头，除了对方什么都不思不想。一旦陷入这步田地，就再也听不进去周遭任何人的劝说，最后常会落得妻离子散的下场。

充满强烈魅力的人，不是会带给你好运，就是会夺走你的运气。如果觉得苗头不对，就要和对方划清界限。

魅力强的人感染力很强，和他们在一起要不了多久，自己就容易被卷入歧途。

你或许就曾遇到过这样的人，那段日子想必过得不太顺利，留下的经验也不太美妙吧？当时心里一定有某个声音悄悄地在告诉你"再这样下去恐怕不太好"。

但还在犹豫不决之际，自己已经被对方牵着鼻子走，等到惊醒时早已没有退路了。虽然不至于犯罪，却因此背了一身债，也失去了朋友，伤害了家人。到最后，你可能会不断懊悔自己为什么做了蠢事。

当遇到某个交往后让自己运气变差的人时，有几点必须特别注意。或许对方认识另一个你不熟悉却有点向往的世界，而他不拘的生活方式也让生活严谨的你感到非常羡慕，不过，在这些"自由"当中，也隐藏着毁灭的危险，这一点一定要看清。

无论是交朋友或谈恋爱，一定要模拟想象"这段关系走到最后会演变成什么样子"。如果已经看出"虽然现在很自由，却可能没有好的未来"，那就不要再纠缠下去，赶紧离开对方，彻底结束这段关系。

倘若做不到,你的运气就会随着处境恶化而变坏。

> 命运会指引有志向的人,也会强拖着心无大志之人。
>
> ——塞内卡,古罗马时代诗人、哲学家

20

满口正确言论
会吓跑好运

"正确言论"指的是"合乎道理的正确理论或主张",也就是说,令他人"无法反驳"的道理即为正确言论。

因此,争吵时提出正确言论的人,就当时而言,的确会是胜利的一方。但这样的人事后一定会惹人嫌恶,连带着运气也会变差。

"他说的是没错啦……"这句话后面通常接的都是"不过……"例如:"他说的是没错啦,不过他根本没有顾虑别人的感受""那个家伙说的是对的,不过我讨厌他那一副自以为是的说话态度。"

　　而这些周遭人士在背后所做的批评，通常都只有提出正确言论的那个人不知道。

　　在某家企业里，有个主管显然不懂得如何培育下属，他在纠正下属时总是理直气壮，比方说："这很明显就是你的错啊。虽然你说可以解决，但为什么不是一开始就先想好事情要怎么做呢？如果你事先计划好，就绝对不可能会犯下这种错。为什么你都没有考虑清楚就去做了？"

　　被骂臭脸的下属别说是提出反驳了，就连要稍微替自己辩解一下都会被数落，只能闷着头挨骂。最后，一个接着一个下属纷纷提出辞呈，这位主管的领导能力也因此遭到质疑，迟迟无法获得升迁的机会。

满口正确言论
会吓跑好运

✦

不只在工作上如此，在朋友和夫妻关系中，爱说教同样会招人讨厌。

有个主妇打电话跟朋友抱怨早上和先生吵架的事情，争执的原因是她拜托先生出门前帮忙换个灯泡，却只换来了先生的一张臭脸。这个主妇向女友抱怨："他真的很糟糕，家里头的事完全都不管，你不觉得这样很过分吗？"

没想到，女友正经地开导她："那时候他应该是赶着要去上班吧？当然是上班不要迟到比较重要啊，换灯泡这种小事你自己来不就好了，根本不需要强迫忙碌的老公帮你换啊。"

友人说的话一点也没错，不过她大可不必说这些大道理，而是该试着理解对方的心情就好，例如她可以说："真的！这实在太令人生气了。"

面对别人的说教，其实听的人都觉得"这种事不用你教我也懂"，知道是知道，也不想由别人口中说出来教育自己。

换个角度思考，**如果你想故意摧毁一段关系，最快的方法就是用大道理堵住对方的嘴**。直接指出对方哪里做得不对，批评他，说些他最不想听的话。如此一来，保准关系会迅速恶化。

说教并不会为自己带来好运气。人际间的输赢，也不是用正确言论就能争出胜负。

从今以后，如果你也想对人抒发大道理时，请告诉自己"不准，这样会把好运吓跑"，赶紧吞下蠢蠢欲动的话语，重新挑选高明的用词吧。

千万别让你的舌头跑得比脑袋还快。

——希隆，古希腊哲学家

21

一旦习惯了不幸，
坏运便会跟着在身边常驻下来

有个女人的丈夫是个不负责任的人，整天游手好闲不务正业，从早到晚都在喝酒，就连老婆打工赚取的生活费也会被他拿去买醉。

虽然别人都说"这种先生最好和他离婚算了"，但女子似乎早已放弃这种念头，她说："算了，即使离了婚，我还是会遇到这种人。这应该就是我的命吧。"

就算事实并非如她所言，但女子对于自己的不幸却早已逆来顺受了。

有个老师问一位学生"将来想做什么",这个学生回答"穷人",老师吓了一大跳,一问之下才知道,原来"我爸妈都这么跟我说的"。

这个学生的父母时常告诉子女:"我们家很穷,所以你也要认命。"或许父母的本意是想劝孩子们"做人要脚踏实地一点",但这种说法却让孩子渐渐习惯了比别人穷困的境况。

人一旦习惯了与不幸为伍,原本可以降临的好运也无法靠近他。

工作上也是一样,如果一直把不赚钱视为常态,运气就不可能好转。例如,我们常会听到有人说"这个行业已经不行了""现在这种时机,不可能再赚那么多钱了"。

很多人就像这样先帮自己洗脑,使得原本有限的好运继续变少。

如果发觉"自己好像习惯不幸",就必须勇于摆脱这样的念头,最有效的方法就是开始欣赏自己。**认为"自己很棒"的人,比起自怨自艾的人更能抓住好运。**

至于怎么做才能喜欢自己?其实只要疼惜自己,"无论目前命运好坏,都喜欢这样的自己",如此就可以了,不必非得拥有多好的外貌条件或取得怎样的成就才能对自己满意。

如果觉得这不容易做到,可以试着把自己当成爷爷或奶奶来看待自己。

就算爷爷或奶奶还来不及看到现在的你,但对他们来说,肯定都觉得你是最可爱的孙子(女)。而如此可爱的你倘若对不幸的遭遇习以为常,他们一定会觉得很不舍。只要你已经努力了,无论成败,他们都会夸奖你。

爱自己,就是要用这种态度来对待自己。

至于那些还没闪开的不幸福感,就把它推得远远的吧。

> 不幸本身并不存在,唯有自己感觉不幸的时候,才是不幸的开始。
>
> ——阿尔志跋绥夫,俄国小说家

22

做事慌张，
好运也会跟着落荒而逃

我每次问人"和什么样的人在一起会让你觉得不开心"，不分男女，大部分的人几乎都会回答"个性慌慌张张、没有专心听别人说话的人"。

做事不专注、心浮气躁、眼神飘忽的人，不仅不受人欢迎，更不会有好运降临到他身上。

做事慌张，
好运也会跟着落荒而逃

有一次，我和几名年轻的创业者一起聚餐，他们个个年轻有为，但唯独一位相较之下显得特别浮躁。

进餐时，他不停地拿起放在桌上的手机看，吃到一半还离开座位出去讲电话，不仅吃饭不能专心，也没有办法融入当下他人的话题。

他看起来不够沉稳，在场的也只有他一人坐立难安。看到他这种表现，下回聚餐应该不会有人想再邀请他参加了吧。事实上，那回介绍他来加入聚会的朋友，事后还为他的失礼跟大伙道歉。然而我想，这个行事紧张的当事人，对于自己的不当举止估计毫无自知之明吧。

当时，看着他那种毛毛躁躁的模样，我马上觉得这个人的运气一定也不怎么样。

相对的，有些人即使事情再多，处理起来却让人丝毫感觉不到他的忙碌。这类型的人就算是接连进行了几场会面，每一场都能专注在眼前的谈话对象身上，因此就算只谈了短短五分钟，也会让对方留下受到礼遇的好印象。

高明的政治人物就是很有本事让别人觉得轻飘飘的，只是短短几秒钟的眼神交会，就会拜倒在他的魅力之下，这种超能力，就连专业演员都得甘拜下风。

几乎目不转睛地将注意力集中到对方身上的技巧，对任何行业来说都很重要。比方说，顾客对你们的产品或服务有所疑惑，身为厂商的你们却让他感觉你们对此不闻不问，如此一来顾客便会打消惠顾的念头。

在两性关系中亦是如此，有份问卷问到"约会时会讨厌对方做的事"，结果最多人回答的是"对方在吃饭时一直查看手机上的电邮或短信"。

一收到电子邮件就习惯立刻回信的人，就算是正在约会，只要听到手机的提示声响起，都会下意识地拿起手机想要读取。不过，这种急躁的举止并不得体。

想要掌握好运，无论再怎么忙碌，都要让自己表现得不慌不乱。事情来不及了、时间快不够了，这时更不能急成一团，反而要自己冷静，比平时更努力保持沉着的态度。

记得，随时检视自己是否在不自觉中一直"抢快"，养成了

> 做事慌张，
> 好运也会跟着落荒而逃

紧张的坏习惯。

> 不要慌张，把目标看清楚才重要。
> ——亨利·福特，福特汽车公司创立者

23

"对不起"说得好,
将会受到好运眷顾

有时候,只是由一个小小的失误开始,最后却演变成不可收拾的大问题,而且通常还会引起一连串的负面效应。

大多数提出抱怨的人都想着"对方只要肯诚心道歉就算了",极少人是故意想找人麻烦。

然而,以企业的立场来说,承认公司有所疏忽可能会衍生出可观的赔偿金和得召回商品的窘境,为了避免招致重大损失,道歉之前都会经过一番推演。顾首顾尾的结果,有时难免就会让客户或消费者觉得诚意不足。这种不诚恳的道歉态度会加重顾客的怒气，一个不小心还会演变成诉讼案件。

讽刺的是，即使诉讼结果判定企业方必须付出赔偿金，但有些顾客却坚持说"赔偿金我一毛都不要，我只要他们诚心诚意跟我道歉"。可见当事人真正想得到的只是道歉，却迟迟等不到。

我曾经对许多公司做过调查，发现很多上司一整年下来都不曾向下属道过歉。有的就算道歉过也只是给出"啊，不好意思"这种轻描淡写的态度，下属根本完全感受不到诚意。

世上哪有人可以一整年都不犯错？不肯开口说对不起的人，是因为觉得一旦道歉，就等于承认自己犯错。这点让他们感到恐惧，觉得会同时丧失身为上司的权威和下属对他的信赖。

然而，能够坦承自己错误的人，反而会因为这股认错的勇气而赢得他人的尊敬。无法好好道歉的人，才会失去别人的信赖。因此，如果你犯错了，最好还是开口道歉才是上策。

尤其愈是位高权重、需要众人尊敬的人，道歉的次数愈多，就愈能获得他人的尊敬与信赖。但事实上，多半的人位居高位之后就误以为"以自己如今的身价，哪能再向任何人低头"，才会演变成上司极少向下属致歉的情况。

无论是夫妻、朋友或是长晚辈分的关系，会得到敬重的，都是在该道歉时就道歉的人。即使对方是晚辈或下属，只要犯错的是自己，就能向对方低头道歉，在这类人的观念里，道歉本身并不丢脸；相反的，他们清楚道歉在一段健康的人际关系里是不可或缺的功臣。

另一方面，道歉这件事能调整自己的步伐，还能妥善地修复与对方的关系，可以说是一举两得的事。

懂得道歉的人，通常都曾亲身体验过道歉的价值。而不擅长表达歉意的人，则是因为从来不曾向人低过头，对道歉怀有错误的恐惧。

今后遇到有必要说句对不起的时候，别再犹豫不决了。

"对不起"说得好,
将会受到好运眷顾

人终究可以从"对不起"中获得救赎,那是最简单的语言魔力,足以解放人心中最柔软的部分。

——玉冈薰,日本小说家

24

行事周到的人，
到哪里都能无往不利

我曾听过这么一段故事。有对老夫妇经常到住家附近的一家餐厅用餐，不过餐厅的服务生却一直对这对老夫妇颇感头痛，因为老先生总是一脸不悦的样子，问他什么都不答。

事实上，老先生的右耳聋了，而每次服务生又总是站在他的右侧说话，因此不知对方在问什么的他才会表现出不耐烦的样子。服务生们之所以总是站在老先生的右边说话，其实是因为餐厅老板一直教育员工"向客人解说菜单时，必须站在他的右边，上菜时则要从左边"。

后来,餐馆来了一位新服务生,这位新人注意到老婆婆只会在老先生的左侧跟他说话,猜出事情的原委。于是,他就改到老先生的左侧为他点餐。老先生听得见他的询问后非常开心,笑说:"你的观察力真好。"此后,老先生都会指名要这名服务生为他服务。

就算你不是从事服务业,细心的话也能对各种状况都有所察觉。举例来说,你是否曾注意过家里的客人是用哪一只手拿杯子呢?

一般礼仪书中所说的杯子把手方向或汤匙的摆放位置等,都是针对习惯用右手的人来设定的。但如果发觉客人是用左手拿杯子,就必须注意餐具的摆放位置得反过来才行。

能否察觉这种小地方,完全取决于是否细心和有观察力。但只要用点心站在对方的立场去设想,多半很容易知道该怎么做才能让别人感到宾至如归。

细心周到,指的不只是单纯的"客人水杯里的水减少了就赶紧倒水"而已,而是要更以同理心去设想对方的状况,比方说,"是不是差不多到了他饭后该吃药的时间了""她很注重养生,倒温水给她是不是比较恰当"等。

没有人会因为别人缺少"他心通"而予以责难,不过对于特别周到的人,所有人都会开心赞赏。例如,我们会夸奖"看他年纪轻轻,做事竟然多想了好几步"。

如果两个人的能力相当,比较细心周到的人被委以重任的机会肯定会多很多。换句话说,细心周到的人,运气会特别好。

在你周遭一定也有这种处处用心、体贴周到的人吧,不妨仔细观摩这些人的行为,把自己也变为一个具有"他心通"的幸运儿。

> 用细心与周到向他人传达爱与善吧。
> ——约瑟夫·墨菲,印度哲学家、作家

25

容易开心的人，
更会受到好运眷顾

回想小时候，如果正在缝衣服的母亲停下手中的动作，疲惫地转动着脖子说："啊，肩膀好酸哦。"这时候你会怎么做？一般来说应该都会关心地问："妈妈，你还好吗？"然后赶紧帮她捶捶背。

仔细想想，小孩子捶背应该也捶不出多大效果，没有实际缓解酸痛的作用，但母亲还是会很开心地说："嗯，好舒服，马上就不酸了，谢谢哦。"而孩子因为喜欢见到妈妈的笑颜，一双小手更是"咚咚咚"地捶个不停。

这应该会是每个人都曾有过的幸福回忆吧。

在这里头,就包含着我所要表达的东西。

任何人都会因为他人开心而感到高兴。母亲忍受着肩膀酸痛不停地缝制衣服,也是为了想看到孩子穿上缝好的衣服后开心的模样。

因此,当有人为你做任何事时,最重要的就是表现出高兴的样子。

以捶背的例子来说,倘若妈妈这时对孩子说:"没关系,你不用帮我捶背了,反正也没什么效果。你还是去读书比较重要。"可想而知,孩子会有多么失望了。

努力想让对方高兴却失败了,任谁都会难过,有时甚至还会恼羞成怒。

曾经有某个日本企业在美国开拓新业务,于当地设立了厂房。当地的员工知道日本籍厂长的生日快到了,于是为他设计了一场惊喜派对。就在生日当天,当毫不知情的厂长踏进厂房的那一刻,员工们开心地端出自己精心制作的蛋糕为他庆生。

然而,厂长的反应却出乎意料:"你们怎么可以这样做?现在可是上班时间!"员工们原以为厂长会又惊又喜,结果他的斥责浇了大家一大盆冷水。

这位厂长可能是因为不习惯接受惊喜派对,太认真又太害羞所致,这种反应其实也不是令人完全无法理解。但这种时候如果他就坦然接受大家祝福,跟着开心地闹一下,大家一定会觉得十分尽兴。

下回收到礼物时,切记不要再说:"何必这么多礼啦,怎么送这么贵重的东西呢!"不妨就直接说:"谢谢你,我真的好高兴!"

同理,得到别人夸奖时也千万不要说"我哪有你说的那么好",而是应该说"很开心听到你这么说"。

如此一来,对方会更开心。

> 开心地做、做得开心的人,才会受到幸福眷顾。
>
> ——歌德,德国思想家、作家

26

拼命努力的人，
命运之神会对他展开笑颜

我认识一个朋友，他每天都会到同一家拉面馆用餐，除了偶尔参加公司的午餐会之外，几乎天天都到这家店报到。

这家店既不特别时尚新潮，菜品价位也不是最便宜的，竟然可以让他天天光顾，想必应该是菜品很美味吧。然而，事实上却并非如此。

于是，我好奇地问了他原因："为什么那么喜欢去那家店用餐呢？他们家的拉面明明不好吃啊。"

没想到朋友回说："因为老板很努力啊。"

原来是那家店的老板总是拼了命地在工作，所以为了帮助那家店运营下去，这位朋友才天天光顾。听到这里，我恍然大悟。

只要看到有人做事特别卖力，大家自然会想伸出援手帮他一把。

例如，在高中棒球赛中，打击者即使挥出一记不怎么漂亮的球，还是会拼命往一垒奔去。就算知道自己一定会出局，仍然拼了命地往前冲，让一旁的人都不禁为他喊起加油。

如果这个打击者认为"反正一定会出局，跑了也是白跑"，因而跑得意兴阑珊，旁人自然也不会想为他加油鼓励。

职业球赛也是如此，最有冠军相的球队通常拥有许多明星选手，连带着球迷也非常多。另一方面，垫底球队也会有死忠的球迷。这些球员们就算输球，还是很努力地在球场上卖力，因此球迷们才会愿意不离不弃。

有趣的是，有些不强不弱、实力平平的球队，一样会有一

拼命努力的人，
命运之神会对他展开笑颜

群球迷爱戴。这是因为总会有球迷想为付出努力的球员加油打气，给他们支持。

如今这个时代有股氛围，认为"爱拼才会赢太老套了"。很多人都觉得与其努力，还不如巧妙掌握事情的重点，迅速推出成果。

不过，正因为现在很多人都只想取巧，所以令人欣赏的反而是少数做事踏实认真的人。因此我们可以说，**相较于做事投机取巧的人，做事兢兢业业的人，最后才是受到好运眷顾的一群人。**

我一直认为，努力认真的人，一定会有光明的未来。也就是说，人对于未来无须太过焦急地钻营，每天汲汲营营，以为手腕要好才能在这个社会上闯出一片天，其实不妨踏实地去做能真正让自己乐在其中的事吧。

相信一定会有人看见这样的你。

> 努力为他人付出的人，才是最大的受益者。
>
> ——山德士上校，肯德基创办人

27

充满活力气息的人
能够吸引好运靠近

运气是"随着活力而生的能量"。

仔细观察可以发现,这股能量会出现在许多地方。例如,迪士尼乐园入口、大排长龙的甜点名店、机场的登机柜台前,或是人潮川流不息的购物中心等。

这些地方有个共同点，就是让人感觉自己正迈向一个期待的世界，而那里有许多快乐的事物等待着我们。你若试着想象自己正身处在这样的地点，应该可以感觉到既兴奋又雀跃的心情吧。

不只是在购物中心，事实上，很多场合都会让人感受到这股生机。

就算自己没有特别意识到，但这些场所却总有着一股蓬勃的气息。而这样的地方也自然会聚集许多好运气，以及幸运儿。

因此，不需要刻意勉强自己向积极正面的人学习，或是逼迫自己刻意表现出开朗振作的模样，**想要改运最快的方法，只要让自己置身在能够随时感到雀跃的地方就行。**

我所认识的成功人士，全都是容易对工作感到兴奋、随时充满干劲的人。

> 充满活力气息的人
> 能够吸引好运靠近

　　这些人把自己喜欢的事情变成工作，因此无时无刻都充满活力。人在买东西或选择服务时，会自然倾向挑选能够感受到朝气的对象。因此，这些活力十足的成功销售员便能不断聚集广大人气，到最后，用不着敦促自己奋发上进，事业依然能够水到渠成。

　　我们经常听到有人说："为了十年后的成功，我现在一定要忍耐。"在我看来，这种自我牺牲实在很没必要。

　　不断忍耐、压抑自己，就算再怎么认真工作，心中也无法感受到一丝快乐。这样的人，好运并不会向他走近，结果只是活成痛苦的人生罢了，不小心还会陷入苦闷忧郁之中。

　　换句话说，压抑自己最后只会得到痛苦的未来。如此一来，工作一样得做，却无法快乐地去做。

　　相反的，如果对未来保持着雀跃期待的心情，即使是在为他人工作，也是一件乐事。

　　压抑自我和满心期待两条路，你要选择哪一条呢？

成功的人通常散发着活力与喜悦,也能够为周遭的人带来这种气息,让人在不知不觉间感染了愉悦的心情。

因此,平时不妨多做一些让自己感到兴奋开心的事,如此一来,你的雀跃一定也能感染身边每个人。

> 喜乐之心,乃是良药。
>
> ——所罗门,古代犹太王国国王

28

爱制造惊喜的人，
拥有最大的笑容和好运

有个女子收到一份高中同学合送的结婚贺礼。结婚时，这群朋友因故无法出席，于是大伙决定一起合送一份礼物给新娘。而新娘所指定的，便是如今收到的这只铸铁锅。

女子拆开精美的包装后惊喜不已，原以为里头只有一只锅，没想到打开锅盖一看，里头塞满了一整锅的巧克力。就在锅的底部，放着一张女子高中时期腮帮子里塞满巧克力的照片，还有一张朋友们合写的卡片。

这些巧克力虽然只是一般超市就买得到的普通巧克力，却是新娘从以前高中时代就很爱吃的零食,她特别喜欢在放学时买来解馋。对于同学们还记得这种小事,特地为她安排了这样一份惊喜,女子脸上霎时满是感动的泪水与笑容。

锅里满满的巧克力,数量多到不可能在一家超市里买齐,想必是同学们分头买来,再连同照片和卡片一起放进锅里,细心包装后才寄出的。

有人就是特别热衷于为别人制造惊喜,也愿意花时间费心思安排一切。惊喜并非花钱就能办到,而是需要细心缜密的筹划。喜欢制造惊喜的人,最大的特征便是对这些琐细之事不厌其烦,而且还能全情投入、乐在其中。

不只如此,有时事情过程中会出现状况而无法按原计划进行,这类型的人还需要有随机应变、随时变法子的本事。

爱制造惊喜的人，
拥有最大的笑容和好运

我也曾经应邀担任好友讲座的神秘嘉宾，要做到完全不让所有出席者发现，事前的安排准备可说是滴水不漏。例如，该从哪个入口进去，在哪个房间等待进场，什么时候、以何种方式捧着花束上台等。

当时我和熟识的工作人员一起准备推演，当我兴奋地躲在控制室准备上台时，那一刻所感受到的欢乐和调皮感，让我仿佛回到了小时候。

虽然这一切的准备过程相当费事，但看到好友和在场所有人惊喜的反应时，便深觉一切都值得了。

不妨也为旁人制造一点惊喜吧，就从最小的事情开始。当你看到对方因为你做的这点小事惊喜万分的表情，相信你一定会想让更多人得到这种欢乐。

经常为他人构思、制造惊喜的人，全身一定会散发着雀跃的气息。你若愈常这么做，运气会愈好。

> 人的价值取决于他贡献多少,而非获得多少。
>
> ——爱因斯坦,物理学家

29

主动举办聚会活动，能让运势走强

我经常利用机会举办各种聚会活动，最大的目的就是"让大家能够相互认识"。

如果是介绍相亲，顶多是让两个人彼此认识，但派对之类的活动就创造出多种可能的组合。若是人数破五十或一百人的聚会，更是能碰撞出各种相遇的机缘。

事实上，我的许多熟人的确都借由我所举办的聚会，开启了和另一个人之间的密切往来，例如成为朋友或客户，或是一起相约去参加志愿活动等，每年还因此促成几对佳偶。

正因为如此，每当办完讲座或聚会等活动之后，我都会收到许多参加者寄来的谢函或电邮。

每个人都希望借由参加各种场合能因此认识某个人，其中多数人最常在寻觅的对象就是人生伴侣。当然也有人是想认识值得信赖的工作伙伴。

不过，大家也往往会有"众里寻他千百度，那人不知在何处"的感慨。如果这时能够透过某人居中牵线而遇见自己想找的对象，这份恩情肯定一辈子都不会忘记。

聚会人多的好处是，可以自然而然地将"可能合拍的两个人"介绍给彼此认识。如果是一对一的场合，万一"点错鸳鸯配错对"，之后双方聊起来很枯燥，只会出现尴尬和冷场。不过，若是在较大型的聚会，毕竟在场人多，万一谈不来，找个理由抽身离开也无妨。

也就是说，聚会活动是巧妙让人彼此认识的好场合。

你可以试着举办小型的聚会活动，把认为可能产生有趣化学变化的人全请到家里来，一起度过快乐的时光。最后，**透过聚会而结识的人，必定会感激你为他们制造了机会，而这段良缘最终也会为你增添好运**。

准备办聚会不需要大费周章，只要做几道拿手料理，剩下的就直接到大卖场买现成的熟食和零食就行了。或者是请参加者也帮忙带些饮料或甜点，这么一来主人就更轻松了。

一旦你习惯了经常举办聚会，准备起来就会更加简单，甚至参加过的人也会再邀请新朋友一起同乐。如此一来，人与人之间的连接就会愈牵愈广，生活面向也会变得更加丰富有趣。

所有来聚会的人都会对主办的你抱持感谢的心，另一方面，你也会因为这些付出换来更多相遇和好运。

"缘分"是意料之外的偶然。

——源丰宗，日本美术史学家

30

赞美不在场的人，
可以提升自己的人气

天底下应该没有人不喜欢被夸奖吧。对于称赞我们的人，我们也会以同样温暖的心情去看待对方，这是一种基本的心理法则。

换言之，夸奖、赞美别人不仅能让对方感到幸福，相对的，也会让对方更容易对我们产生好感。

此外，善于夸奖他人也会让自己变得更快乐。因为每当要夸奖他人时，自然会将焦点放在对方的优点上，也会打从心底觉得对方真的不错。

赞美不在场的人，可以提升自己的人气

事实上，比起在当事人面前直接开口夸奖，在当事人不在场的场合夸奖他，效果更是倍增。

举例来说，如果身为你直属上司的经理夸你："这次的资料准备做得很到位。"想必你一定会很高兴。不过，如果是和你们部门经理助理一起搭电梯时从他口中听到："你很努力喔，你的经理经常向我称赞你呢。"这时你的感动一定比直接当面被经理褒奖还要来得多吧。

感动之余，你也会因为受到经理的重视而对他产生好感，进而更尊敬他。

之所以会产生这种效应，是因为比起直接听当事人说，从旁人口中辗转听到关于自己的好话，可信度会比较高。

出乎意料的，一般人通常不会刻意背着当事人给予夸奖。但如果是在当事人面前称赞他，反而会多少加些场面话，也很容易流于夸大。因此，这种当面夸奖有时会让人觉得不过是恭维罢了，甚至会怀疑对方搞不好是出于在背地里说自己坏话的

补偿心理。果真如此,那可是双重打击,于是当事人会认为"所以他之前的夸奖根本全是假话",或者"他真是个伪君子"。

这全是因为对方之前对你随意奉承,相较于他在别人面前对你的批评,落差如此之大,自然会让你产生倍增的负面情绪。

当然,也不是说不能在当事人面前大方赞美他,不过,偶尔试着透过第三人来表达你的好评,例如:"她总是提早就来帮忙做准备",或是"他虽然还没有做出什么成绩,但做人很诚实,很多人都很喜欢他呢"等,这样会来得更诚恳而让人受用。

"间接夸奖"的好处是,不仅是夸人和被夸的双方,就连周围的人也都能连带着感受到一种快乐。给予夸奖的你、中间传话的人,以及最后听见赞美的当事人,统统都会因此感到幸福。

能够透过赞美为众人带来幸福的人,好运自然会降临他。

赞美不在场的人，
可以提升自己的人气

你不妨试着戒掉"背地里说人不是"的恶习，养成"背地里夸奖他人"的招好运的习惯吧。

每个人都喜欢被人赞美和夸奖。
——林肯，美国第十六任总统

31

总是面带微笑、沉着以对的人,
将深受众人与好运的爱戴

相信每个人都想优雅从容地过日子,不过生活中却总不免偶发一点小事,令人焦躁不已,变得情绪化。

遇到这些状况,很多人尽管会在心中叮嘱自己"不能这样,要控制好情绪",但却还是心有余而力不足。愈控制不了就愈烦躁,于是最后情绪大爆发。

在那些曾经浅尝成功滋味,最后却以失败收场的创业者当中，最典型的结局就是众叛亲离，身边的人一一离他而去。

做生意不可能总是一帆风顺，时常会遭逢挫败。有些创业老板一遇到挫折就变得很烦躁，恣意将情绪发泄在员工身上，认为"我拼了老命在想办法挽救，你们却什么事都没帮"。

不过事实上，员工也努力想要提供解决办法，但面对老板的歇斯底里，身为下属根本什么建议都说不出口。

如果情况一直这么下去，便会错失解决困境的机会，最后的结局便是员工一一离职。等到老板意识到这样的警讯时，身边可能只剩下一些平庸无能之辈，生意也就真正宣告失败了。

这种情况同样会发生在爱情经营上。

男女吵架绝不会只是单方面有错，但如果其中一方失去理性就可能生出许多负面效应，认为只有自己深受委屈，对方丝毫不体贴自己，认为"你根本不知道我为你做了多少！""你为什么老是听不懂我的话！"两人之间的感情肯定会结束。

最常见到的状况是，男女双方就算吵架了，其实心底应该还是爱着对方，嘴巴上却说些会逼走对方的话，这种举动简直就跟"自残"一样。

焦躁的情绪可以说是一颗自爆弹，会将好运炸得远远的。你是否也抱着许多自爆弹呢？

好运会亲近情绪稳定的人，如果可以的话，尽快把身上的情绪自爆弹拆卸丢弃吧。

发生问题时，只要双方保持情绪稳定，进行理性沟通，两人之间的关系反而会更加提升且渐入佳境。前面提到的那对情侣在争执时，另一方其实可以这样回答："对不起，我不知道原来你这么为我着想。"当你表达感谢后，对方多半会说："没有啦，是我讲得太过火了，对不起啦。"

不论遇到任何状况，请记得，心态要稳定，对人要微笑。

> 人类之所以优于其他所有生物，在于人有笑的能力。
>
> ——约瑟夫·艾迪生，英国作家

32

找好运的人
分"运气"

想在美国成为电影明星,最重要的第一件事便是前进至好莱坞。就算只是想磨炼演技或舞蹈,也必须选择好莱坞附近的影视学校,这一点相当重要。

要这么做的原因是,好莱坞有许多明星和知名电影人,只要多在这里活动,一定会有许多机会可以遇到这些关键人物,自然就能沾上他们散发的好运。

日本过去也曾有过一段时期,一些立志成为小说家的人会在大文豪故居附近聚会、流连。在作家们经常聚会的酒吧里,除了名作家之外，也有很多是刚获奖的新锐作家，以及出版界的重量级人士。

你喜欢"沾光"这种事，还是打从心里不屑这么做？

在日本战国时代，选择依附在哪位将军门下，通常决定了一整个家族的命运。就算是见风使舵、转去投靠当时看似最有胜算的将军，也几乎得赌上自己的性命。

跟随你所依附的人身边，会分取对方的运气。就像骑到一匹总是跑输的马，也会沾上倒霉运。若是在战国时代，跟错将军，最后的结局便是战死沙场。

运气这种东西，非好即坏。**如果你想将来有所成就，请务必谨记"沾光"的必要性，多接触你所属领域的成功人士，多分享他们的好运。**

不必担心你这么做会令他们的好运减少，因为成功者的运气即使不断地被旁人分去，仍有办法持续再生，绝不会用尽。因此，设法去接近成功人士，分享他们的好运道。

如果因为分到好运带来了成功，接下来只要换你将自己的好运再分出去给他人就行了。

运气好的人无论走到哪里，都会莫名地遇上许多好事；运气背的人，则做什么事总像抽中下下签般充满波折。

我曾经举办过探讨"运气"的讲座,当时我请在场的学员回顾自己的一生,然后制作一份运气曲线图,将目前为止的人生以五年为一个区段划分,用线条画出运气的上升、下降或持平变化。

有趣的是,有人的曲线一路攀升,但也有人则是一路走跌。当然,每个人的命运曲线图有高有低,但好运中夹带几波低潮的人,和运气始终上不来的人,两者过的是截然不同的人生。

和运气好的人在一起,很奇妙的,好运成了生活中的家常便饭。一旦如此,之前运气差的日子便成了过去,而接下来的人生,都会有幸福相随,有好运来报到。

> 幸福具有感染力,而我们必须善于分享这股力量。
>
> ——罗乐德,美国教育家

33

感受运势的变化之道，
以直觉判断未来

很多刚走入社会的年轻人在找工作时都会锁定当下最亮眼的一流企业，对于已被这些企业聘用的同学，更是欣羡不已。

然而仔细想想，这些进入一流企业的新人真的值得称羡吗？

发展已达巅峰状态的企业，接下来的表现就算尚不明显，但十之八九都会走下坡，因此我反倒认为，找工作最好避开这些明星企业才是上策。比起这些大公司，选择目前规模虽小但业绩一路走升的企业，反倒更具未来性，工作起来也会因为一股蓬勃的朝气相助而更加带劲。

无论任何国家或企业,都有可能面临盛衰荣枯的变化。场所和人一样,运气会不断流动,有时好,有时坏。

过去曾经繁荣的地区,随着人口不断外移,最后成了人烟稀少的半废墟。相反的,过去满是农田的土地,在盖了大型购物中心之后,人口瞬间暴增。

曾经大红大紫的明星,不知何时已经彻底消失在荧幕前。而资历还不深的演员却可能因为演了一个角色而一夕爆红,摇身变为"男神""女神"。

类似这样的例子,在各个领域中屡见不鲜。如果能看出这种运势变化,而选择在运气上升的地方布局,自己的运气自然也会跟着走强。但倘若跟随运势下降的产业、公司或人,自己的运气也会受到影响,也会走弱。

觉得要"看出运势未来的变化"很难,不妨就改成"忠于自己的感觉"。

对于世上许多事,我们都会在心底产生特别的感觉,例如:"不知道为什么,今天就是不想出门""和那个人在一起总是提不起劲"等。

如果没来由地生出这类感觉,就算只是一股让人觉得闷的感觉,这时也不妨跟随着自己的心走吧。

然而,许多人常会选择忽视自己的第六感,认为"既然都跟人约好了,就一定要遵守约定才行""如果不去,一定会被记仇",于是勉强自己赴约,或去了不想去的地方。

相反的,有些场所或人就是会让人感到舒服。

例如,身处在特定场所会产生莫名的自在感,或是和特定的人在一起总是心情松畅。这全是因为这些场所或人散发着一股正面的气息或能量。你若多多接触这些场所和人,运气自然也会提升。

每个人在这方面的感受力都大不相同,对他人而言"感觉舒服"的事物,对你来说却可能是"讨厌至极"。

这时,请相信自己,跟着直觉走。

> 勇于相信自己的心和直觉。
>
> ——史蒂夫·乔布斯,苹果公司创始人

34

好问题
能带来好运

据说，每个人每天都会自问好几百个问题，然而内容多半是负面的提问，比方说，"我为什么会这么穷？""为什么这么重要的日子偏要下雨？""为什么我这么没人气？"等这类提问。

若是发生令人高兴的好事，大概不会有人自问："为什么在我身上会发生这么好的事？"但若是遇到讨厌或遗憾的事，却总是不停地逼问自己："怎么会这样？""为什么是我？"

好问题
能带来好运

✤

事实上，当我们在不顺时自问"为什么"时，大脑就会开始寻找负面的素材：

"为什么我现在这么穷？"

"为什么我每天都过得不开心？"

"为什么我的能力如此平庸？"

而紧接这些自问后面的，通常是下列这类自答：

"因为我能力不足，所以赚不到钱。"

"因为我资质平庸，所以只能做这种无聊的工作。"

"能力是天生的，这是我的命，这辈子也只能这样了。"

这些答案光读下来就足以让人心情低落，甚至对人生感到绝望。因为这些全是在一时情绪低落时联想到的答案，而并非经过理性思考得出的结论，你根本没有检验其正确性。

既然每个人都习惯不停地自问自答，那么你就只要随时留意把问题改成"会带来好运"的问题就好了。

例如，不时自问"经理为什么要夸奖我""为什么我的朋友这么多""为什么我的运气这样好"等。大事小事都无所谓，没办法立刻想出答案也无妨,因为光是像这样提出正面的问题,就能让自己感受到一阵幸福,运气也会因此变佳。

顺带一提,当你向他人提问时,最好也选择对方只能做出正面响应的问题。例如,"对你来说,什么时候会让你感到最幸福?""接下来你最想去哪里旅行?""你最喜欢的食物是什么?"

正面的提问会让人自我肯定,心情也会因此雀跃不已。 而这种喜悦的心情也会感染到各个层面,到最后整个人的四周就会随时弥漫着好运的氛围。

> 一个好的问题,能展现出一半的智慧。
> ——培根,英国哲学家

35

与真正的对手交流,
能为自己带来好运

我曾经和将棋高手羽生善治[1]对谈过,听他说起一个很有趣的观点。

提到将棋,虽然外界都只把焦点放在部分具备"龙王""名人"[2]等头衔的棋士身上,但事实上在将棋的世界中,排名最前面的几十个棋士,能力几乎不相上下。

的确,仔细观察各种将棋比赛的对战成绩后会发现,很多第一、第二名之间的差距都极为微小。甚至在每一场棋赛当中,不到最后一秒都还难以分出胜负,棋士只要有一点点的误判就可能输掉整场比赛。

然而正因为将棋界里有这么多实力相当的对手,大家才有办法互相切磋,提升自己的棋艺。

商场上更是如此,倘若只有自己一个人在努力,整个产业根本不可能一路向上提升。若缺乏好的对手,想要获得成功会变得十分困难。

跑步时有人陪伴,就会想努力迎头赶上对方,因此,最后能够跑完相当长的一段距离。

但如果是自己一个人跑步,就会想说"跑到这里应该够了吧",最后,在离终点尚有一大段距离的地方,就因为满足了而停下来。

与真正的对手交流，
能为自己带来好运

或许你并不太看重和你一起跑步的那个人，甚至觉得他有点讨厌，觉得如果没有他在就好了。然而，正因为有他和你一起跑步，才会为你带来福祉。

真正的竞争对手，绝对不会互扯后腿、妨碍彼此，更不会失败了就互相安慰一番了事。**真正的竞争对手，会借由双方的交锋激荡出更多潜力，是能够一起成长的陪伴关系。**

我也拥有好几个我相当重视的对手，虽然这些人和我分处于不同的专业领域，但每回见到他们，都让我深感敬佩而渴望见贤思齐。

还有些人就算我时至今日尚无法目睹其风采，但只要想到他们，我便会更加自我策励，告诉自己必须加油。

竞争对象的设定十分重要。如果能有个在各方面能力都比自己强一些、真正具备实力的对手，将是一件非常幸运的事。这样的人绝对值得你和他一争长短，一同成长。

正因为我们有身为人类的自尊心，或许有时会因为比输了而觉得受到打击。不过，偶尔这样才好，倘若总是将能力不如自己的弱者视为竞争对象，对自我能力的提升并没有任何帮助。

因此，请谨记，能为自己提升运气的对象，一定是"你可能会输给他"的人。

> 一场能够互相提升的竞争，绝对需要一个好的竞争对手。
>
> ——松下幸之助，松下电器创办人

注：

1. 堪称日本当今最优秀的将棋棋士，羽生世代的代表人物，号称"泰然流"或"无双流"。多次获得冠军，是日本将棋史上第一位达成七冠王的人，改写将棋界多项历史纪录。

2. 将棋正式赛事的排名分为七大头衔，分别为：龙王、名人、王位、王座、棋王、棋圣、王将。

36

懂得欣赏别人，
心胸和运气也会随之开启

和人往来互动的方式，与其和人吵架、争输赢，不如欣赏对方的长处，对提升自身运气更有帮助。这一点应该不难理解。

不过，有些人却"不太会主动去喜欢和欣赏他人"。这种人应该都对事理过于认真，因而处世不知变通。

欣赏一个人并不需要欣赏他的全部，更不用像恋爱般疯狂为对方痴迷。只要对方的某一点让你觉得"还不错"，就可以欣赏他这项优点。所谓欣赏，就这么简单。

♣

每个人都有其独特的魅力,只要擅于发掘他人的魅力,欣赏他人就不难做到。

举例来说,"鼻梁高挺"当然很美,但也不能因此就说扁鼻子就一定丑。也有人不把这种鼻子说成扁塌,反而觉得有一种亲切可爱的美。

又好比,有人认为沉默寡言的人一定城府很深,但也有人觉得这种人"思虑周到,判断比较可靠"。

如果可以从每个人的个性中找出优点,这样世上的人都是值得你欣赏的人。

那些不擅长欣赏他人的人,或许只是不懂得可以将他人的缺点看成优点罢了。

刚出生的小婴儿的脸几乎全是皱巴巴的,但对于做母亲的人而言,都会觉得"宝宝的模样可爱极了"。

"头发少少的好可爱!"

"是个圆滚滚的胖小子呢!"

"哭声跟他老爸的破嗓子真是一模一样啊!"

这些特色,就旁人看来都会觉得不太好,但即便如此,当妈妈的却能打从心里将它视为孩子独一无二的可爱之处。

因此,如果想喜欢一个人却很难找到理由,不妨就从对方母亲的视角去寻找,一定可以发觉对方的好。只要这么转念,难度应该就会陡降。

如果依然困难,就把自己再升格为对方的爷爷、奶奶吧。把对方当成"自己的乖孙儿",就会很轻易地喜欢上这个"小萝卜头"。

"拼命抗议的样子真可爱!"

"任性的举动真是令人发笑呀!"

要发现他人的优点,需要熟能生巧。**遇到任何人都能立刻发觉对方值得欣赏之处,这个世界对你而言会是天堂,因为每个人都是你的朋友,也都乐意为你着想。**

> 受人喜爱,不过是喜爱他人的一体两面罢了。
>
> ——诺曼·皮尔,美国作家

37

学会倾听，
好运也会跟着到来

读大学时我曾到美国游学，当时英语说得还不是很流利，到达寄宿家庭的第一天，他们想找话题跟我聊时，我都只能尴尬地微笑以对。

到了隔天，自觉这样下去不妙，于是再面对他们的贴心问候时，便不断以"Really？""I see.""Wow！"等几句口袋英文轮番接招。

我把自己知道的所有可以附和对方谈话的句子大约分成十类，在聊天时尽量找到对方断句休息的地方见缝插针。我就像是捣麻薯时趁着木槌举起间隙协助麻薯翻面的人,机警地拼命跟上对方的说话节奏。

因为我只会说非常简单的句子,所以还不时得加上夸张的表情和肢体语言辅助。但令我讶异的是,对方很快都敞开心扉接纳了我。当时我可以留在美国,完全是依靠朋友的帮忙,若少了朋友的支持,或是无法让寄宿家庭的人真心喜欢我,我就没办法顺利走完我的游学之旅。

那时候,我非得让刚认识的人喜欢我不可,但碍于语言能力无法表达自如,我为此"想破了头"。不断尝试错误之后,最后想到的便是将方才提到的方法发扬光大,也就是"让自己成为附和高手"。

就算不知道对方用英文在讲什么,但我至少能应声附和。对喜欢说话的人而言,只要对方是个会热情响应的人,就算他无法完全理解谈话内容,也不是那么重要了。

我的方法十分奏效,尤其那些苦无对象可以抒发心情的老先生和老婆婆对我更是疼爱有加，一直称赞我是个很优秀的年轻人。

事实上，他们都知道我无法全听懂他们说的内容，但对于我"认真倾听"的态度，都给予满满的肯定。而我也是在那时才体悟到：**懂得倾听才是真正的沟通。这个道理不只在美国，在世界上任何一个国家都适用。**

很多人都觉得"没有人愿意好好听我说话"，因此也就"更渴望有人可以倾听我说话"。

据说，这也是许多已婚妇女对她们先生最不满的地方。

妻子对着好不容易下班回到家的先生诉说自己一天下来发生的事，或许是因为疲累，或许是心中还记挂着公司的事，做先生的对于妻子的"叨叨絮絮"常是面无表情，根本不做反应。日子一长，妻子当然会对夫妻间的沟通质量感到失望。

大家喜欢的是会认真倾听的人，而不是态度敷衍的人。

如果对方是你在意的人，就至少好好地倾听他说话吧。

增进人际关系最好的方法,便是好好倾听。

——理查德·卡尔森,美国作家

38

走访清静之地，
表达感恩心情

只要养成感恩的习惯，就一定能提升运气。

感恩分为很多种，除了向特定的人表达谢意之外，在心中默默地向"天地万物更大存在"表达感谢，也很重要。

因此，清静的场所便是你应该去的地方。

各地都有许多景致优美的清静之地，你可以在闲暇时走访这些地方，静下心，并借此提升运气。

来到清静之地，大多数人应该都会祈祷着"希望可以……"也就是"求东求西"。你不妨稍微改变一下做法，去认真感恩赐予的每一天。

这么做是因为，**好运就像是送给凡事全力以赴之人的奖励。只想依靠上天的人，好运不可能会降临到他身上。**因此，重要的是对自己可以有努力的机会表达感谢。

"感谢庇佑，让我们全家人都能平安健康。"

"由衷感谢，让我每天都能好好工作，踏实生活。"

双手合十，在心中默默感谢，一定能感受到心情顿时放松了下来。光是如此，运气就能大为提升。

有个担任证券业分析师的男子在每天下班回家的路上，都会习惯先绕到住家附近的清静之地待上个十五分钟。

男子在工作上承受着极大的压力与紧张，心中常会有"为

走访清静之地，
表达感恩心情

什么没早点看出股市会下跌的趋势"或"明天该不会也发生影响股价的严重事件吧"等焦虑念头。倘若就带着这种心情直接回家，肯定会把情绪发泄在家人身上。

所以，每天在回家之前他都会先绕到清静之地，把复杂的思绪整理、沉淀一下，双手合十"感谢今日一天的照顾"，然后才返家。只是这么一个小小的习惯，他就能暂别工作上的纷扰，重拾平静的心情去面对等待他的家人。

换言之，待在清静之地的十五分钟，让男子成功地为自己找回好运。

除了走访清静之地以外，扫墓也是个不错的选择。细心清扫祖先的墓地，双手合十感谢今生所被赐予的一切。有些人会将墓地视为"不吉利的地点"，但换个角度思考，墓地也可以是沉淀心灵的所在。

因此，如果觉得心情烦躁，不妨就多多去清静之地或去祭拜祖先，借此重新整顿乱掉的运气。

> 感恩不仅是最大的美德,更是所有美德的根本。
>
> ——西塞罗,古罗马哲学家

39

舍弃，
开启好运

我们从小就被教育要爱惜物品，这个观念本身的确很好，不过却经常有人误解了爱惜的意思而不肯舍弃，结果连带使得运气停滞不动。

舍弃不代表"不爱惜"，相反的，有时候"借由舍弃才能爱惜"。如果不喜欢用"舍弃"这个字眼，也可以换句话说成"放手"。对于一些自己不需要或不习惯用的东西放手,这些东西就能经由其他人而发挥更大的价值。如果你紧抓在手中不放,这些东西完全无法被人好好利用,反而成了一种浪费。

除此之外,留着不需要的东西也会因此影响到重要的东西,变成另一种浪费,例如家里冰箱中存放的食品。

冰箱里如果只放了必要的食物,自然能有效运作。不过,如果里头塞满了过期甚至发霉的食品,不仅冰箱无法维持适当温度,霉菌也会感染到其他新鲜的食材上,引发疾病。

衣柜也是同理。不再喜欢穿的老旧衣服可以说早已没有放在衣柜里的价值,对于丢掉这些衣服丝毫不必存有任何罪恶感。为了能更妥善打理其他还在穿的衣服,不穿的衣服当然最好是送回收站,或是转送给其他适合的亲友。

同样的,在工作上若能巧妙地放手,也能带来好运。

舍弃，
开启好运

一般人工作时大多会同时处理好多件事，但人只有一个，根本不可能把每件事都同时做到尽善尽美。因此何不干脆放手，将某些事交由其他人来做。

假设你手上同时有五项工作在赶，只要放掉其中三项，就能以最好的质量完成剩余的两项。一旦尝过这种好处，面对下一轮的工作任务就能更有信心。如果一直揽着五项工作不放，最后只会落到每项工作都做不完也做不好的地步。

"清爽"是招来好运的要素。大家不妨试试看，找个机会好好整顿一下家里，将十袋不需要的东西一次丢弃，心情一定会顿时变得明亮开朗，因为这份轻松将会为你带来美好的运气。

> 舍弃是革新的关键。
>
> ——彼得·德鲁克，美国著名管理顾问，被誉为"现代管理学之父"

40

努力的人处于非最佳状态时，
好运更会降临

　　一流的运动选手会随时保持最佳状态，一般人也认为这对选手来说是理所当然的事。

　　但事实上，并非只有运动选手才需要敦促自己保持最佳状态，一般上班族、家庭主妇甚至学生，都必须让自己随时保持最佳状态才能有好的表现。

　　然而，很多人缺乏这个概念，经常暴饮暴食、着凉感冒、烦躁不安，或让自己陷入消极之中。这些人可以轻率地放任自己处于和最佳状况背道而驰的境况，如果他是个运动员，恐怕连资格赛也无法通过,遑论晋级决赛了,等于完全丧失赢得比赛冠军的任何机会。

如果这像是在说你,最重要的改变是开始打造自己的最佳状态。

举例来说,大家都说"早起有益健康",但也不见得所有人都适合早起。如果发现自己属于"晚上专注力较好",就想办法让自己在晚上保持最佳状态即可。

倘若你做的是没有固定工时的自由职业,不妨中午过后再开始上工。但如果工作时间无法弹性,就尽量不要在中午前做太费神的重要工作。

营造适合自己的环境也很重要。

有人喜欢待在安静的地方工作，也有人觉得吵闹的地方做事效率更好。

有人认为整洁的桌面能让事情做起来更带劲，有人则觉得在满满一桌东西的陪伴下工作节奏更流畅。

又或者，有人觉得目标设定得愈仔细就愈容易一一完成；有人觉得先锁定大方向大目标前进，才能取得最好的成果。

所有顶尖运动员都是以奥运或比赛当天为目标来培养身体的最佳状态，但非常有趣的是，无论他们再怎么注意自己的健康，或是身边有多么优秀的教练陪伴，偶尔还是偏偏在关键日子来临时感冒生病，或是在比赛前一天的练习中发生肌肉拉伤的意外。

然而即便如此，这些能力出类拔萃的顶尖人物，却有不同于一般人的应变力。

对这些人来说，一旦不再处于最佳状态之中，才是开始变得更强的时候。到了这种时候，该做的努力都已经做了，最后结果就完全交由老天决定。而这种放手一搏的精神，就会招来好运。比赛场上许多金牌得主的背后，都有着这样激励人心的故事。

全是因为这些人平时就要求自己竭尽全力去面对每一场比

努力的人处于非最佳状态时,
好运更会降临

赛,而好运便是冲着这种认真的精神而来。

> 在非最佳状态下所完成的工作,最能让人引以为傲。
> ——史蒂夫·乔布斯,苹果公司创始人

41

接下无人感兴趣的主办工作，
运气将大幅提升

有个年轻人，从小个性内向寡言，学业成绩和运动表现只能算是普普通通，并不出色，更不曾担任班级干部等任何领导工作。

到了社会也是一样，虽然上司交付的事情他都会认真完成，却从来不曾主动请缨接下任何其他工作。但后来，一场迎新会让他有了重大转变。

在他任职的公司，每年都会招收大约十位左右的新人。不过，每年新进员工迎新会的举办时间正好都碰上公司会计年度

> 接下无人感兴趣的主办工作，
> 运气将大幅提升

结算，大家都非常忙碌，谁也不想接下迎新会的苦差事。

那一年没有例外，每个人都想尽各种推托之词，最后工作落到了这位从不发表意见的年轻人身上。

这个年轻人原本分内的工作也十分忙碌，但由于他顺应又认真的个性，对于迎新会的准备工作丝毫不马虎，从寻找地点、协调日期到控制预算等，每项工作都做得相当仔细。多亏了他的用心，那一年的迎新会几乎所有部门的人都出席了，而且大家也都玩得十分尽兴。

于是隔天，公司上下对他的评价开始有了转变，"你昨天那场聚会主办得很好耶"，他的主管也因为很满意那场聚会，开始推举他担任多项项目计划的负责人。

在同事当中，不乏有人觉得主办迎新会的工作吃力不讨好，这些人固然有心想晋升公司的管理层，但对于需要承接琐碎麻烦事的主办人工作，却敬谢不敏。

然而，活动主办人这种小型的领导工作，对当事人的运气提升可是会有极大帮助，因为借由做好这类工作能获得许多人的感谢。事实上，这位年轻人后来不只受到他上司的夸奖，也成了新进员工很熟悉又信赖的前辈，在部门里推动工作变得轻而易举了。

你不妨也积极一点,主动接下小型的领导或主办工作吧。无论是规划同学聚会或惊喜派对,或是主办扫街日以促进小区交流等,任何活动都可以。

有人会因为你的主动任事而心怀感激,认为"幸好有你自愿来做,让我们省掉一些烦恼"。而这种时候,好运自然会来到你身上。

当然,也不是一接下这些工作就立刻会有好事。不过,日后总会有人记得你曾经的付出而愿意扶持你。

如果都没有人肯承接主办活动的工作,大家都会深感困扰。这种时候,就是你挺身而出的大好机会!

> 我坚信,真正幸福的,是那些开始寻找机会并知道如何服务他人的人。
> ——史怀哲,德国哲学家

42

培养危机处理能力，
为自己的好运加分

某个大品牌复印机制造商曾发生过一个重大的问题，在即将出货的商品中，发现说明书上有个很明显的印刷错误。

当时已经没有时间重印说明书了，因此只能以制作覆盖贴纸的方式，更正错误内容。不过，物流部门的员工人数不足，根本来不及在出货前贴完全部的贴纸。

这时候，业务部的一位经理立即决定把在外面跑业务的同仁全都召回公司帮忙，最后终于及时赶上出货。这位经理的应变方式非常灵活，也因此受到公司高层与下属的高度信赖。

　　有些人就像这样,平时虽然深藏不露,但遇到紧急时刻总能让大家见识到他的卓越能力。这些能够完美解决危机的人通常都能受到周围人的崇敬,并且常会被委以重任。

　　相反的,**遇到危机就选择闪躲的人,运气也会从他身边溜走。**

　　要说擅长处理危机的人和习惯逃避的人有何不同,应该就是前者非常擅于将大脑立即切换成"紧急状态"模式。

　　人在一生当中难免都会遭遇几次重大危机,危机总是来得那么突然,通常是在我们卸下防备时,毫无预警地说来就来。这时,大脑是否能立即切换成"危机模式"全力去应对,就变得至关紧要了。就算是大老板甚至是一国的领袖,也有可能无法做到这一点。

　　举例来说,当国家发生重大危难时,有些政治人物却还能优哉地继续打完十八洞高尔夫球,因此惹来舆论恶评。危机发生的当下，正在休假打球无可厚非，但听到紧急消息后却没能立刻准备应对，势必让大众留下冷漠、不关心民众的印象，对这些政治人物的观感和支持度自然也会大打折扣。

一般人在日常生活中面对状况发生时也要有能力快速处理。无论是工作、孩子的教育或家庭问题，一旦有人有事找你讨论，都应该立刻放下手边的工作，全心倾听并厘清问题，参与商议，因为这对对方来说多半是一件迫在眉睫的要事。

我在家写稿时，只要家人有事找我，我一定立刻关上电脑把自己切换成"家庭模式"。相对的，家人也知道，对于他们的问题，我一定都会认真倾听，因此除非真正重要的事，否则他们不会轻易在我工作的时候打扰我。

如果面对他人的求援，自己只是边继续着手上的工作边敷衍对方几句"什么事你说，我在听"，反而只会让对方更加焦虑罢了。对于有事想讨论的人而言，这样的态度十分不礼貌。

因此切记，要能以迅速又真诚的态度响应他人的求助。就从今天开始这样做吧。

> 危机才能让人看见工作的本质。
>
> ——鱼谷雅彦，日本资生堂公司总裁

43

比追求完美更用心的人，定能获得成功

在我常去的一家日本料理店中，身为厨师的老板在工作各个方面都展现出高度用心。他不只重视主菜，就连从随餐附赠的各色小菜中也能看出他细致的刀工。他会把红萝卜切成枫叶形状，还搭配着用黄瓜切成的绿叶。

这些心思的确让料理整体看起来色香味俱全，更增加了顾客用餐时的视觉享受。即使不靠这些，这些料理本身的美味也足以让人回味无穷。

我一直感到纳闷，要这么精心准备每一样食材，难道不会浪费太多时间？既然是一家天天爆满的名店，若把这些时间和

力气转用在别的地方,不是可以经营得更成功吗?

于是我好奇地问了老板:"为什么要那么大费周章,花这么多时间准备这些小菜?"没想到老板的回答是:**"觉得哪里麻烦,就在哪里多花三倍的工夫。"**

他告诉我,正是因为这些费工的细节,这家店才会如此深受肯定。这番话犹如当头棒喝般,让我有了很深的体悟。

后来,我也开始仿效这位大厨的精神,每次在校对书稿时,即使认为没问题了,也至少再进行三次校对、润饰或增补。

任何工作,想简便行事就一定找得到偷懒的方法,但若不以快捷方式而多花点工夫去做,不仅可以做得好,而且能做到令人赞赏。

举例来说,若你的上司交代"星期五之前针对这个问题提出三个解决方案"。这时候,一般人都会认为,只要在期限快到之前提出三个解决方案即可。其中有些方案或许就连自己都觉得"过于草率",但想想又觉得"算了,凑足三个就行了",于是还是将报告呈交出去。这就是一般人的做法。

然而,**好运的人总是会在重要时刻"多费一点工夫"**。

比追求完美更用心的人，
定能获得成功

上司交代要提出三份报告，他却交出了五份。上司给的期限是星期五，他却提早一天，在星期四就交出报告。除了提出解决方案之外，还一同附上了其他相关的参考数据。

这些小小的努力，会让人留下惊艳的印象。如此一来，也就抓住了其他人无法抓到的好运。

但这种小小的努力并不一定会立刻带来实质的好处，或许上司很粗心，所以根本完全没注意到你的这些用心。

不过，这种做法却会让你养成认真做事的态度，这才是成功关键。

做事习惯偷个懒，最后只会得到和付出的心力等值的结果。

要知道，旁观者总是睁大眼睛在瞧，只要肯把事情做透，大好机会最终会落到你手上。

成功最有效的方法，就是永远多试一次。

——爱迪生，美国发明家

44

抢着做别人不想做的事，好运自然来

人下意识会倾向追求轻松的生存方式，对于艰辛或会弄脏衣服、手脚的事物总是会尽量闪避，只想舒舒服服地过活。然而，愈是放任自己这种念头，你就会变得愈松懈。

不过，大部分懂得掌握好运的成功者，反而都是主动抢着做没人想碰、既困难又肮脏的苦差事。**成功的人深知，去做没有人想做的事，反而能独得其背后所带来的好运。**除此之外，也可以借此自我突破。

抢着做别人不想做的事，
好运自然来

日本黄帽汽车配件企业（Yellow Hat）创办人键山秀三郎先生，是我十分敬重的一个人，他最知名的事迹就是每天早上会亲自打扫公司厕所。

键山先生的父母原本就是很爱干净的人，在他们的教育之下，键山先生从一开始踏入社会到后来自行创业，一直都是率先做好公司的清洁工作。在他担任领导之后，对于打扫厕所一事，更是亲力亲为，做得十分彻底。

当时的汽车配件业并不像现在已发展成人流的产业，很多该业界的员工实际上各自都有大大小小的人生问题。因此，键山先生便想出了一个方法，即借由打扫来清除员工心灵上的堕落消沉。

不过，刚开始时，不管他怎么努力带头做，员工都丝毫不为所动。但他并没有强迫他们，只是自己一人默默打扫。后来，终于有员工愿意主动加入，和他一起打扫，这个过程竟然耗费了十年之久。

其实，键山先生也觉得员工不愿意主动去做清洁工作情有可原，因为他打扫厕所的方式是完全不戴手套，直接用手去刷洗马桶，这种方式绝非所有人都做得下去。但一开始犹豫不决的员工在真正亲自这么做过一次之后，心情竟然不可思议地都逐渐开朗起来。

键山先生后来还创立了一个"美化日本协会"，在各地带头整顿大街小巷。同样的，他也是直接用手去清理排水沟等最脏乱的角落，因为只要连这个都能做到，便会发现任何事情都瞬间变得简单。

我们经常可以听到"投机取巧"这种说法。例如，当主管要求一个做事会取巧的人"去打扫厕所"，这时候他会怎么做呢？他很有可能会转而使唤叫得动的新人去帮他完成，而且还会向上司报告自己已经完成交代的事，只要没被拆穿，还会洋洋得意，认为自己做事"很有小聪明"。

不过，这种人的成就，可能就仅是这样而已。

另一方面来看，被迫去做这项工作的新进员工，或许反而从中领悟到非常重要的道理："我竟能连扫厕所这种没人肯做的事都能做！"这种自我突破的体验会顿时让人自信大增，之后面对其他艰难的挑战，也都无所畏惧了。

正因为是不喜欢、麻烦的事，你更要主动、大胆尝试。

抢着做别人不想做的事，
好运自然来

拾起一处垃圾，就多了一处干净。

——键山秀三郎，

日本黄帽汽车配件企业创办人

45

取悦自己,
运气会好

现在的你每天过得有多幸福呢?
生活中是否有让你打从心底开怀大笑的事?
身为一个自我心灵的服务生,你是否有好好接待自己?

长大以后,你身边应该愈来愈少会有人再一心一意地为你祈求幸福、全力付出了。倘若你是个重视亲朋好友的人，或许你会在生日时为他们举办聚会。不过在平日的生活中，就连你的父母或另一半，也不能够时时在意你每天过得好不好。

当然，在你遭遇不幸或心情特别不好的时候，他们多半会比平时更关心你。当你丢了工作，或是遇上失恋难过得几乎想寻短见时，他们也会为你忧心不已。除开这些时候，平时大家各自为生活忙碌，根本不太可能频繁地传达关心给对方。

所以，自己的幸福只能由自己来守候。

幸福的人知道"对自己而言什么才是幸福"，所以也会过得特别快乐。从另一个角度来看，这类型的人非常了解做什么事能让自己开怀，也会为自己打造舒适的生活空间与环境。像是住进自己最爱的房子里，生活中围绕着自己喜欢的物品及摆设，与最爱的家人和朋友一起度过日常的幸福时分。

不过，很多人对于"自我想象"常会设限，认为自己不该太任性而为，必须要适度的自我压抑和节制，因此"取悦自我"的想法乍看之下似乎太自私，可能还会有人对此持反对立场。

然而说到底，人生要过得快乐，"取悦自己"其实非常重要。追求幸福，不妨先从这一点开始做起。

首先,把自己当成"别人",好好从旁边冷静观察一下。

这个人喜欢做什么事?
他喜欢待在哪种环境?
他平时喜欢和什么人在一起?
他最擅长哪一类工作?
他喜欢如何运用时间?

像这样把自己当成自己专属的"幸福管家",认真地去思索这些问题。当然,这项接待预算要做限制,所有做法都必须控制在自己能力范围之内。如果日后你的收入增加了,自然就能向上调高幸福预算,尽情地取悦自己。刚开始或许只能做到"泡个舒服的热水澡"这种不必花钱的"小确幸",只要确保日后能慢慢让幸福服务升级就行了。

只要你服务自己的能力够好,就有可能为自己带来最享受的人生。

> 去爱自己的人生,活在自己所爱的人生里。
>
> ——巴布·马利,雷鬼乐歌手

46

钱花得愈多，
财运愈旺

哪种人的财运会特别好？

是中彩票的人？还是工作能力强的人？又或者是含金汤匙出生的人呢？

事实上，财运好的人都是"擅长招来钱流的人"。

举例来说，有两个人，一个是拥有二千万资产、年收入一百万的公务员（编者注：日元）；另一个则是资产约二百五十万，但年收入却高达二百五十万的商人。你认为这两个人谁的财运会比较好？

钱花得愈多，
财运愈旺

你应该看得出来，赚二百五十万的人的确会过着较富裕的生活。这是因为富裕与否看的是金钱的流动状态，而非停滞不动的资产。

也就是说，比起拥有不少资产、钱流却停滞不动的人，会赚又懂得花的人，财运会更活络地朝正向发展。

以上述的两人为例，再过十年后，真正致富的，多半是后者，也就是一年赚二百五十万的人。因为生意人都懂得活用手上的资金来赚取更多财富。

事实上，生意机会也通常会降临在金钱大量且快速流动的人身上，至于身边金钱流动较少的人，机会只会从他眼前一掠而过。

换句话说，想成为有钱人，最快的方法就是花钱。**比起把钱存起来不用，妥善运用钱来滚钱的话，更能招来财运。**

有些人手上一定得握住钱才会安心，但其实把钱拼命留在身边可以说反而会引发不安，因为这种想法只会让自己变得不太想与人来往，例如认为在家吃饭都不需要花钱才是最稳当的做法。

相反的，几乎每天晚上都外出与人会面，不断为自己探索新的可能的人，才是拥有安稳未来的人。

因此，愈是觉得应该把钱紧握在手上的时候，愈是应该向外出击。

在日本战国时代，当遭遇敌军来袭时，城内的人得选择是要守在城墙内等待敌人离去，还是冲出城墙外主动反击。

人生亦是如此，你当然可以为了安全不涉险而在城里害怕地躲着，只是如此一来，虽然不会立即遭受攻击，却也赢不了这场战争。若是可以主动出击，抱着尽我最大努力的心情去接受挑战，或许会为你带来截然不同的新局面。

完全不花钱而只是宅在家里的人，好运不可能降临在他身上。

当然一味地挥霍浪费也不可取，但一定要活络手边的钱，为自己开启钱流。

> 让钱发挥其用处，才是财富的最大价值。
> ——富兰克林，美国政治家、物理学家

47

改变交友方式，
命运也将随之改变

我们的生活形态，取决于平时结交往来的人。例如，你的朋友圈若多数为上班族，就自然而然感染上职员的习性，谈话内容也大多围绕在如何进行公司的业务，或是常讲上司的坏话等。

就算身处在同一家公司，高层主管、干部和一般员工之间会聊的内容其实也大异其趣。

另一方面，若是你和微型创业或自由职业的人在一起，就会有自由工作者的气息，聊天内容也许就是怎么接案子、酬劳如何、哪家公司爱拖账等。

但如果是和生意人做朋友，话题就会变成投资、商业模式、海外扩展、打高尔夫球、铁人三项等生意人最感兴趣的内容。

若换成和家庭主妇聚在一块，话题则会因对方经济实力而异。例如，若是和一群贵妇往来，话题可能会从迪拜的美容之旅到五星饭店的甜点吃到饱等。换作和一般家庭主妇一道，则应该会聊孩子、兼职打工的薪水，或者说老公的坏话等夫妻相处问题。

每个人都该有自己的未来人生蓝图，而你现在应该做的，是和你将来想成为的那种人交朋友。 因为现今这个社会，每个阶层、族群的生活方式，会触及的话题，甚至是说话的调性都截然不同，如果没有真正融入你想归属的族群，内心一定会有失落感。

也就是说，如果你想成为大企业的管理阶层，就应该跟将来会成为高层主管的人交朋友。又或者，如果你想成为幸福的妻子，就不应该和喜欢说先生坏话的人在一起。

倘若选择重视家人朋友胜于工作的生活方式，就该多与会在周末和家人一起出游同乐的人为友。

假设你现在的生活方式与理想中的全然不同，你的气质和

> 改变交友方式,
> 命运也将随之改变

话题也就不可能和理想中的族群合得来,因为在一开始和陌生族群相处时通常都会觉得格格不入,这时一定要忍耐这种距离感,尽量学习让自己融入他们。如果无法忍受这些不舒服或难为情的感觉,你一辈子都不可能成为该族群的一分子。

只要是内心有爱的人,一定会为新邂逅的人保留让对方成为朋友的位置。相反的,如果一个族群中充斥着恶劣排外的人,那么根本就没有加入的意义了。

鼓起勇气,大胆地融入你真正向往的族群吧。

> 有爱的人住在充满爱的世界,心怀敌意的人则住在充满敌人的世界。
>
> 你所遇到的每个人都是你的镜子。
>
> ——凯斯,美国作家

48

获得众人感谢的人，
终将成功

你每天过着什么样的生活？

如果你和一般人一样过着朝九晚五的生活，相信有几件事一定是你的每日行程，那就是读书或工作和做家事。对于这些事，你都抱持着多大的兴致在做？

其实，你正在做的这些事，或许正在为他人带来幸福。

我们的生活说到底，完全建构在与他人的能量交流上。例如，为家人做家事、为公司跑业务、在美容院为客人剪发等，生活就是这一连串事情的集合。

获得众人感谢的人，终将成功

做家事可以让家人感到快乐，跑业务也会遇到因为这份工作而受益的客户。

在现今这个社会，为愈多人带来快乐，自己所获得的经济效益也会愈高。也就是说，**每当有人对你表达感恩之情，你就能从中获得某种经济价值。**

举例来说，复印机业务员将新型的复印机介绍给客户，使客户的工作效率变得更高，这时候业务员就会得到客户的感激。

客户"感谢你"的频率是每月一次还是每星期一次，在你身上所反映出来的业绩截然不同。如果客户是真心感激你，一定会替你引介其他新客户。如此一来，"感谢你"的效应就会愈传愈开。

在现今社会的经济架构下，能赢得他人"感谢"的个人或公司，最后势必都会成功。

知名餐厅总是会不断收到许多客人的"感谢"，但如果后续味道或服务变差了，客人下一次就不会再上门来。因此，一次性的"感谢"还不够，必须不断收到"感谢"，才能经久不衰。

你每天收到多少人的"感谢"呢？

在工作上，你是否至少赢得了上司、同事或下属等公司内部人员的感激了呢？

要分辨这一点最真实的时刻,就是当你提出要辞职时公司所有人的反应。如果他们都极为震惊,甚至连老板和高层主管都亲自来挽留,就表示你的确为许多人带来了幸福。

相反的,如果大家对于你的辞职只是简单客套几句,可见你为公司并没有做出太多贡献。

用收集贴纸的心情来收集他人的感激,会是一件很有价值的事。

无论是关于家事或工作,你可以多找大家一起讨论,该怎么做才能让你重视的人更开心,如此一来,不仅可以得到他人的感激,好运也会跟着来。

> 工作的意义在于获得他人的感谢。
>
> ——渡边美树,和民集团创始人

49

为他人祈祷，
也能为自己带来好运

运气好的人都会做的一件事，就是祈祷。

他们并不是只为自己祈祷，因为如前所述，好运不会降临在只会"祈求上天帮忙"的人身上。

这些容易交好运的人很值得赞许的是，他们总是时时"为他人祈祷"。例如，得知朋友的父母亲生病，就会诚心祈祷他们能赶快康复。

我有个朋友听到某个认识的人生病了，便主动以自己的信仰仪式祈求对方病愈。他绝对不会把自己的这份心意拿出来说，是他的妻子私底下偷偷透露给我，我因此了解到他这么令人感动的一面。

假设你的家人生病了，当你得知有朋友特地花工夫为你的家人祝祷时，想必心里一定也充满了感动。而你的这份感恩之情，也将点滴中化成他的好运。

当然，对方并不是冲着要招好运才做这些事，但以结果来看，却因此得到好运，岂不奇妙？

祈福的对象并非只限于生病的人，工作不顺、失恋、找不到人生方向而不知道该换什么跑道的朋友，这些人都可以是你为他祈祷的对象。

除此之外，好运的人也常会祈祷新婚的朋友能够永浴爱河，或者是祈祷大学金榜题名的外甥能够有个快乐又精进的大学生活。

虽说是祈祷，但并不一定非得面对神祇，双手合十祈福的形式也不需要特地找时间进行。在等地铁、公交车的一小段空当，或是用餐时等待上菜的时间，只要利用这些零碎时间做个简单的祈祷即可。

这是一位禅师教给我的。其实，就算不是坐着打禅，生活中的一切原本即是禅。走路也好，与人交谈也好，做任何事情，都尽量做到思绪清晰就对了。只要能够做到这样，就等于是在生活中随时打禅，祈祷当然也可以随时进行。

为他人祈祷会带来快乐，是因为会连带想象对方得到幸福的模样。换个角度来看，这等于是预见对方本身也不知道的美好未来。经常这么做，就能感到这个世界一天比一天变得更美好。

若是每人每天都更好、更进步，等于所有人一同走入幸福。有这种美好的祈祷陪伴你，真的是一件很幸运的事。

你想为何人祈祷？当你有起心动念时，不妨先从为最重视的人祈福起，相信你一定会因此体验幸福。

如果不是靠着祈祷，我肯定老早前就疯了。

——甘地，印度圣雄

结语

感谢您读到最后这里。

运气真是种奇妙的东西，愈想抓紧，就愈抓不住它。其实它就像空气，只要稍稍留神便会发现，它就在你我身边。

平时你也许完全没有发觉自己的好运含量，而当有人对着你说"你的运气真的很好"时，才突然惊觉"啊！好像真的如此，我真是太幸运了！"这，就是运气。

想让运气变好，最重要的是别太把它放在心上，而是随时关注对自己而言真正重要的事物。请你尽情去追求你所热爱的事物，常保雀跃之心，这样你就是好运之人。

结语

再者,别忘了将自己的好运分享给他人,帮助他人的同时,也别忘了取悦自己。这会让你的人生处处喜悦,时时快乐。

漫漫人生路上,一定偶尔会觉得"最近运气真背"或"我怎么会这么倒霉"。这时请坚信:**这些乍看之下让你感到运气不好之事,以后一定会带来别的好运**。想想,有人在失恋数次或离婚之后才找到了人生的真爱,有人因被裁员而开始创业,或是找到可以平衡工作与生活的新生涯,于是每天开心醒来。更有人重病之后认识可贵的健康之道,这样的例子数不胜数。

希望本书所提到的 49 个思考法则都能成为您的新习惯,让您以十足的朝气面对未来,这将是身为作者的我最大的好运。

最后,祝福各位在未来的生活中,每天都能充满爱与感恩,多与美好之人结缘,一起经历令人雀跃和兴奋的人生。

写于初夏美丽的八岳

本田健